LA RESTAURACIÓN EN ACCIÓN CONTRA LA DESERTIFICACIÓN

MANUAL DE RESTAURACIÓN A GRAN ESCALA PARA APOYAR LA RESILIENCIA DE LAS COMUNIDADES RURALES DE LA GRAN MURALLA VERDE DE ÁFRICA

Moctar Sacande, Marc Parfondry, Clara Cicatiello

Organización de las Naciones Unidas para la Alimentación y la Agricultura
Roma, 2020

Referencia requerida
Sacande M., Parfondry M. y Cicatiello, C. 2020. *La restauración en acción contra la desertificación. Manual de restauración a gran escala para apoyar la resiliencia de las comunidades rurales de la Gran Muralla Verde de África.* Roma, FAO. https://doi.org/10.4060/ca6932es

ISBN 978-92-5-132383-0

Fotografía de portada: Preparación del suelo a gran escala. Proyecto ACD, Djibo (Burkina Faso) ©FAO/Giulio Napolitano

Índice

Cuadros

Recuadros

Figuras

Siglas y abreviaturas

ACD	Acción contra la Desertificación
ACP	Grupo ACP — Grupo de Estados de África, el Caribe y el Pacífico (African, Caribbean and Pacific Group of States)
CLD	Convención de las Naciones Unidas de Lucha contra la Desertificación
CLPI	Consentimiento libre, previo e informado
COGES	Comité de gestión comunitaria (fr., Comité de Gestion)
COP	Conferencia de las Partes
DFID	Departamento de Desarrollo Internacional del Reino Unido (United Kingdom's Department for International Development)
FAO	Organización de las Naciones Unidas para la Alimentación y la Agricultura
FIES	Escala de experiencia de inseguridad alimentaria de la FAO (Food Insecurity Experience Scale)
GMV	Gran Muralla Verde
HFIAS	Escala del componente de acceso de la inseguridad alimentaria en el hogar (Household Food Insecurity Access Scale)
IGMVSS	Iniciativa de la Gran Muralla Verde del Sáhara y el Sahel
IPBES	Plataforma Intergubernamental Científico—normativa sobre Diversidad Biológica y Servicios de los Ecosistemas (Intergovernmental Science-Policy Platform on Biodiversity and Ecosystem Services)
MVS	Medio de vida sostenible
OCDE	Organización para la Cooperación y el Desarrollo Económicos
ODS	Objetivo de desarrollo sostenible
ONG	Organización no gubernamental
OSC	Organización de la sociedad civil
PFNM	Producto forestal no maderable/no maderero
SyE	Seguimiento y evaluación
SID	Base de datos de información sobre semillas del Real Jardín Botánico de Kew (Reino Unido)

Agradecimiento

Queremos dar las más sinceras gracias a la Unión Europea por su contribución financiera para la producción de este documento. Esta obra es parte de la "Acción Contra la Desertificación para apoyar la Iniciativa de la Gran Muralla Verde del Sáhara y el Sahel y la Cooperación Sur-Sur del Grupo de Estados de África, el Caribe y el Pacífico", que está siendo implementada por la Organización de las Naciones Unidas para la Alimentación y la Agricultura (FAO), en colaboración con la Comisión de la Unión Africana, la Secretaría del Grupo de Estados de África, el Caribe y el Pacífico y los países y organizaciones asociados. Diseño y maquetación: Maria Cappadozzi.

Resumen

La presente publicación apoya los procesos relacionados con la resiliencia de las comunidades rurales en la implementación de la restauración de las tierras del Programa de la Gran Muralla Verde. Contribuye al doble objetivo de consolidar las operaciones biofísicas y las evaluaciones socioeconómicas; y se basa principalmente en las intervenciones y experiencias prácticas de cinco años, recopiladas a través del Proyecto de Acción Contra la Desertificación de la Organización de las Naciones Unidas para la Alimentación y la Agricultura (FAO).

La primera parte de esta publicación es un manual práctico concebido específicamente para las partes interesadas, los socios, las organizaciones no gubernamentales (ONG) y las organizaciones de la comunidad. Su objetivo es guiar la ejecución en el terreno de las operaciones de restauración a gran escala, así como aportar instrucciones prácticas detalladas, basadas en los resultados exitosos obtenidos por la Acción Contra la Desertificación. El manual describe la aplicación de un enfoque innovador para la restauración a gran escala de las tierras degradadas por la pequeña agricultura. Este enfoque innovador consiste en combinar la plantación de enriquecimiento de especies de plantas autóctonas, leñosas y gramináceas, y la preparación a gran escala de tierras para la recogida de aguas pluviales y la permeabilidad del suelo. El tamaño apropiado de las parcelas para el labrado profundo mecanizado sería de 50–100 hectáreas. Esto ha vinculado la movilización social al apoyo que han ofrecido las comunidades a las intervenciones en sus tierras comunales. Un factor clave del éxito es la superación de desafíos técnicos y de investigación para identificar y sembrar las especies adecuadas en el lugar correcto y al momento oportuno para que se beneficien al máximo del agua pluvial durante su crecimiento. Se han combinado de 10 a 12 especies gramináceas y leñosas por hectárea, bien adaptadas y útiles, para maximizar las inversiones mientras se mantiene la resiliencia en el terreno.

El enfoque de restauración también opta por la siembra directa –más eficaz y menos costosa o complicada– que produce resultados tremendamente buenos cuando se realiza de forma adecuada durante el período ideal de la siembra. Estos pasos y procesos, en su conjunto, se han concebido como un enfoque resiliente de restauración de las tierras que se adapta ampliamente a las diferentes condiciones ecológicas y socioeconómicas y que, por tanto, es adecuado para su replicación y ampliación de escala.

La segunda parte del manual introduce un método de evaluación socioeconómica. Este enfoque de fácil uso se basa en las encuestas de hogares; y los expertos pueden utilizarlo para dar seguimiento, evaluar y valorar los impactos socioeconómicos producidos por las intervenciones de restauración a gran escala. Las encuestas de hogares se utilizan para la evaluación de impacto pero, potencialmente, pueden servir para recoger datos útiles necesarios para planificar una intervención de restauración. La información cuantitativa se recoge a través de preguntas estandarizadas cuidadosamente elegidas, dirigidas a los hogares de muestreo. El cuestionario propuesto se divide en tres secciones: i) una primera sección estructurada en torno al Marco de los medios de vida sostenibles (Marco de los MVS), se utiliza aquí como punto de referencia con el fin de evaluar integralmente los medios de vida; ii) un conjunto de preguntas genéricas extraídas de la Escala de experiencia de inseguridad alimentaria de la FAO (FIES); iii) los datos sobre las principales especies utilizadas a nivel de hogar. El papel de los entrevistadores o encuestadores es fundamental, ya que ellos realizan las encuestas en los hogares y son los principales responsables de la calidad de los datos recogidos. Después de analizar los datos resultantes, se prepara un informe socioeconómico exhaustivo con auxilio de herramientas estadísticas. Estas evaluaciones se utilizan como base para la toma de decisiones y/o para evaluar el impacto social de las intervenciones biofísicas en las comunidades de la Gran Muralla Verde.

COMITÉ DE GESTIÓN COMUNITARIA,
POBLADO DE BANDIEDAGA (BURKINA FASO)

Introducción

La desertificación se encuentra comúnmente en las tierras del Sahel donde la vegetación se ha agotado progresivamente con el pasar de los años. Este fenómeno es causado por una combinación de factores como las variaciones climatológicas y otras condiciones, por ejemplo, el aclareo del terreno, el sobrepastoreo, la deforestación o la recolección de leña, además de la exposición a la erosión eólica e hídrica. En efecto, el cambio climático ha producido consecuencias dramáticas en esta región y se prevé que influya negativamente en los efectos de los cambios socioeconómicos, además de provocar, posiblemente, ritmos más rápidos de degradación y de empobrecimiento en el paisaje.

En su informe de 2018 sobre la degradación de la tierra, la Plataforma Intergubernamental Científico-normativa sobre Diversidad Biológica y Servicios de los Ecosistemas (IPBES, 2018) advirtió que la degradación de la tierra afecta negativamente a 3 200 millones de personas y representa una pérdida económica por el orden del 10 por ciento del producto interno bruto anual del mundo. Según la IPBES, "la lucha contra la degradación de la tierra [...] es una prioridad urgente para proteger la biodiversidad y los servicios ecosistémicos que son vitales para la vida en la Tierra y para asegurar el bienestar humano". Asimismo, los árboles y los bosques de las tierras secas de África, si están manejados de forma sostenible, tienen el potencial para contrarrestar la degradación de la tierra y, por tanto, para contribuir a la mitigación de la pobreza, la seguridad alimentaria, la biodiversidad y la adaptación y mitigación de los efectos del cambio climático. Existen, en la actualidad, muchas prácticas y técnicas de restauración de la tierra que están bien establecidas, tanto tradicionales como modernas. En general, los beneficios de la restauración son hasta 10 veces más altos que los costos incurridos (IPBES, 2018; Nkonya *et al.*, 2016).

La restauración está siendo reconocida como una prioridad por todos los países de la Gran Muralla Verde (GMV) en términos de intervención, ya que ofrece el doble beneficio del mejoramiento biofísico y socioeconómico. De hecho, se calcula que 166 millones de hectáreas de tierra de la zona central de la GMV necesitan restauración; y cada año se deben restaurar 10 millones de hectáreas (Berrahmouni *et al.*, 2016) con el fin de alcanzar esta meta para el año 2030. De este total, recientemente –ante el 14.º período de sesiones de la Conferencia de las Partes (COP14) de la Convención de las Naciones Unidas de Lucha contra la Desertificación (CLD)– los países de la GMV y los asociados internacionales se comprometieron a restaurar 100 millones de hectáreas de tierras agrosilvopastoriles degradadas, para 2030. Asimismo, los países africanos –en la Cumbre de París sobre el cambio climático, de 2015– reafirmaron su compromiso en iniciativas como la Iniciativa por la restauración del paisaje africano (AFR100), también con el objetivo de restaurar 100 millones de hectáreas de tierra en África para 2030. Sin embargo, la pregunta sigue siendo cómo se pueden transformar factiblemente estos números en realidad. ¿Cómo podemos ganar la carrera contra el tiempo?

No existen soluciones milagrosas: la restauración requerirá enormes inversiones, comprendidos equipos, semillas de restauración y desarrollo de capacidad. Asimismo, se requerirá el apoyo de políticas, mecanismos de gestión y asistencia financiera apropiados, además de otros incentivos que faciliten la implementación de intervenciones de restauración en el terreno a una escala masiva. Este manual apoya la resiliencia de las comunidades rurales para implementar en el terreno el Programa de la Gran Muralla Verde. Cumple con el doble objetivo de consolidar las operaciones biofísicas y las evaluaciones socioeconómicas, y se basa principalmente en las intervenciones y experiencias prácticas en el terreno recogidas, en cinco años, a través de la Acción Contra la Desertificación (ACD).

Esta publicación se divide en dos partes: la primera, es un manual práctico basado en un enfoque innovador, paso a paso, de restauración a gran escala de las tierras degradadas por la agricultura en pequeña escala. La segunda parte explica la utilización de encuestas con el fin de recoger los principales datos socioeconómicos necesarios para implementar y vigilar este tipo de intervenciones. Ambas secciones se complementan entre sí y tienen por objeto apoyar las intervenciones de restauración a gran escala en el contexto de la Gran Muralla Verde.

PREPARACIÓN DEL SUELO Y
SIEMBRA A GRAN ESCALA, PROYECTO ACD
(BURKINA FASO)

PARTE I

LA RESTAURACIÓN A GRAN ESCALA EN LA PRÁCTICA

Si bien muchos proyectos de restauración de la tierra han tenido éxito, otros proyectos de restauración a gran escala –ejecutados principalmente en las tierras secas a nivel mundial– no han tenido tan buenos resultados debido a decisiones técnicas inadecuadas (especies y semillas utilizadas, viveros y técnicas de siembra inapropiados), además de enfoques verticalistas ineficaces. En 2015, para hacer frente a este problema, la FAO formuló las directrices mundiales para la restauración de bosques y paisajes en las tierras secas (Berrahmouni *et al.* 2015) que ofrecen recomendaciones generales a los profesionales y a las instancias normativas y decisorias con miras a apoyar los esfuerzos de restauración de las tierras secas. Las iniciativas en pequeña escala, o piloto, no han podido resolver el problema de la restauración en la escala adecuada y ya no pueden ser la única respuesta. Por otra parte, si bien las comunidades de las tierras secas tienen un enorme conocimiento ecológico tradicional y capacidad de manejo de la tierra (p.ej., las técnicas "medialuna" y "zaï", utilizadas en el Sahel), estas técnicas pueden ser muy exigentes y no ser suficientes si se las compara con el rápido cambio climático (Sacande y Berrahmouni, 2016).

Esta sección describe un enfoque innovador que combina la plantación de enriquecimiento de especies autóctonas, leñosas y gramináceas, con la preparación de tierras a gran escala para la recogida de aguas pluviales y la permeabilidad del suelo. Las plantaciones de enriquecimiento para restablecer las especies autóctonas se han demostrado un método más eficaz, en comparación con la regeneración natural que tiende a consumir mucho más tiempo o, a veces, a ser ineficaz en paisajes gravemente degradados. En síntesis, este enfoque es una herramienta poderosa para combatir la desertificación y a menudo es la única opción posible para la restauración de grandes zonas en los sistemas agrosilvopastoriles del paisaje rural/del país.

Este enfoque ha sido probado en el terreno con buenos resultados a través de diferentes proyectos en la GMV, incluido el Proyecto de ACD, de la FAO (Figura 1) implementados en diferentes paisajes, ecosistemas y países. Varios de los principales elementos que contribuyen son:

- el uso de semillas de restauración de alta calidad y de material de propagación de especies autóctonas bien adaptadas;
- el uso combinado de una mezcla de especies leñosas y gramináceas para maximizar la cobertura del suelo;
- el uso de técnicas mecanizadas de preparación de la tierra para alcanzar la escala deseada;
- el enfoque participativo basado en las necesidades de la comunidad y su preferencia por especies y objetivos de la restauración.

Esta sección del manual ha sido concebida para uso del personal técnico de todos los niveles (técnicos locales, personal de proyecto en las ONG y otras organizaciones), además de otros profesionales de la restauración en la GMV, así como en otras tierras secas.

©FAO/Giulio Napolitano

REUNIÓN DE LA COMUNIDAD, PROYECTO ACD, DJIBO (BURKINA FASO)

FIGURA 1. Enfoque de restauración de la Acción Contra la Desertificación

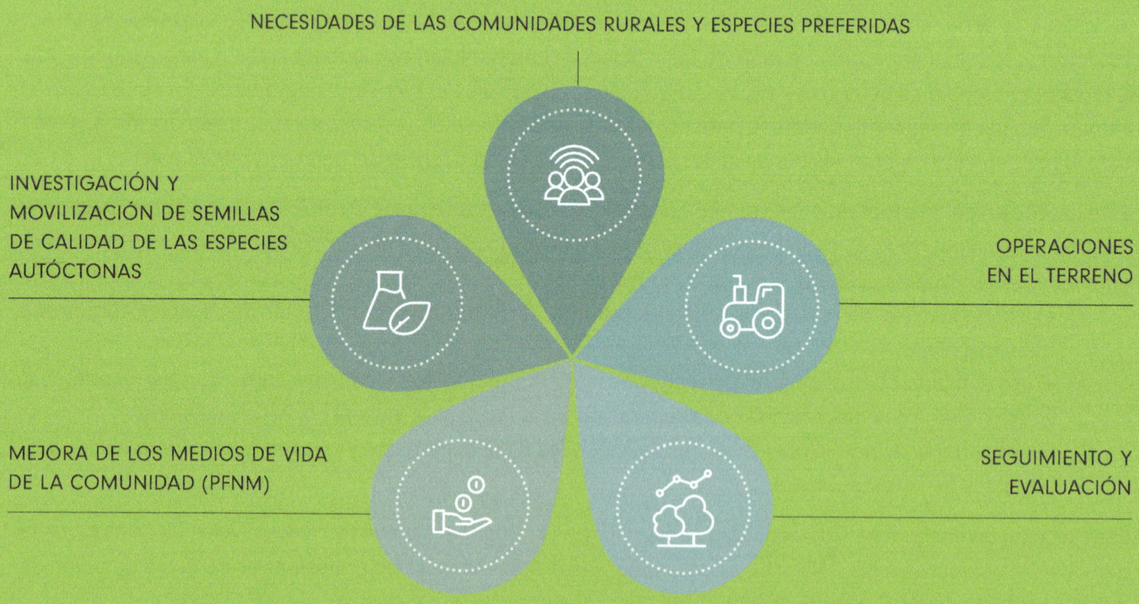

1 La movilización comunitaria y los planes de restauración

La experiencia ha demostrado que, a menudo, el nivel de participación de la comunidad en las primeras etapas de la restauración determina su grado de éxito. Las comunidades son fundamentales para el proceso de restauración y deberían participar directamente en la selección de los sitios del poblado para la restauración, la selección de las especies, la recolección y la siembra de las semillas y el manejo de las áreas restauradas. La selección de las especies utilizadas en la restauración, en particular, se debe realizar en base a las necesidades y prioridades de la comunidad, tomando en cuenta su adaptabilidad ecológica.

La interacción con las comunidades rurales

Dependiendo del tipo de iniciativa, y tomando en cuenta que a menudo los recursos son limitados, los pueblos y las comunidades que se beneficiarán de una iniciativa de restauración pueden requerir un proceso de selección, que debe llevarse a cabo según los criterios establecidos de común acuerdo con las organizaciones asociadas. Entre otros criterios se podrían incluir:

- la disponibilidad de tierras degradadas en los poblados para su restauración;
- la motivación y el compromiso de los miembros de la comunidad para participar en las actividades de restauración, incluidas contribuciones en especie como la tierra y la mano de obra;
- la inexistencia de problemas sin solucionar y/o disputas por tierras entre poblados;
- la presencia de estructuras y organizaciones comunitarias.

Las comunidades tienen todo el derecho de otorgar o denegar su consentimiento para cualquier actividad del proyecto de restauración o de desarrollo que las afecta a ellas o a sus territorios, y de llevar a cabo sus propias discusiones colectivas y tomar sus decisiones de manera independiente. Para que la restauración tenga éxito, se debería lograr un acuerdo en nombre de la población local para realizar la labor de restauración. Se deben comprender con claridad las preocupaciones de la comunidad y, por esta razón, las reuniones de consulta con las comunidades son esenciales no solo para una evaluación de su compromiso y motivación, sino también para responder a sus necesidades e inquietudes. Por último, las evaluaciones participativas ayudan a comprender mejor las necesidades y preocupaciones de las comunidades. El consentimiento libre, previo e informado (CLPI) es un enfoque fundamental que proporciona un conjunto de principios que garantizan los derechos de las comunidades indígenas (FAO, 2016).

Selección de los sitios para la restauración

La selección de los sitios para la restauración en una comunidad debe ser el resultado de un proceso colectivo de toma de decisiones, y el sitio ideal para una intervención a gran escala debe ser de fácil acceso para los habitantes del poblado. Los sitios para la restauración no deben ser demasiado grandes para facilitar su manejo, por lo tanto, 50-100 hectáreas para una comunidad o poblado sería lo ideal. De hecho, una zona de este tamaño, en contraposición a una más pequeña, permite intervenciones mecanizadas más rentables (tractor, arado, transporte y operadores). Una clara tenencia de la tierra es un requisito previo para lanzar las actividades de restauración, por consiguiente, se debe dar prioridad a un acuerdo que especifique claramente los objetivos de la restauración, la ubicación precisa de los sitios para restaurar, y cómo llegar a los sitios restaurados como miembros del comité de gestión comunitaria. El Recuadro 1 proporciona orientaciones específicas sobre cómo seleccionar los sitios para la restauración.

RECUADRO 1. Selección de los sitios para la restauración

SITIOS QUE SE PUEDEN SELECCIONAR

- ☑ Áreas de un tamaño máximo de 50-100 ha/poblado, no necesariamente en una sola parcela
- ☑ Sitios adecuados para cultivo, pastoreo o silvicultura
- ☑ Sitios de fácil acceso para los habitantes del poblado
- ☑ Sitios para los que la población local ha llegado a un acuerdo de principio para iniciar las actividades de restauración

SITIOS QUE SE DEBEN EVITAR

- ☒ Tierras con conflictos sin resolver por tenencia o posibles disputas
- ☒ Áreas con potencial de extracción de oro (u otro mineral)
- ☒ Sitios ubicados dentro o cerca de las rutas de trashumancia
- ☒ Sitios en los que otros socios han comenzado a trabajar
- ☒ Sitios con infraestructura pública
- ☒ Zonas con afloramientos rocosos

Selección y priorización de las especies útiles para la restauración

Uno de los elementos fundamentales de un enfoque exitoso presentado en este manual es el hecho de que las comunidades determinan las especies (de árboles, arbustos y gramináceas) que deberían utilizarse para la restauración, basando sus decisiones en la utilidad de cada una de esas especies. Las encuestas basadas en cuestionarios (como se detalla en la Parte II de este manual. Un ejemplo de cuestionario sobre las preferencias por especies también se ofrece en el Anexo 3) y los grupos de discusión son herramientas útiles para recopilar el conocimiento tradicional o cultural sobre cómo se están utilizando actualmente las especies, o se utilizaban anteriormente, así como su presencia o agotamiento en la zona. De hecho, el conocimiento ecológico tradicional a menudo está mal documentado y, a veces, solo se puede identificar a través de encuestas locales.

Una vez que se han identificado las especies preferidas, los miembros de la comunidad deben realizar un ejercicio de priorización con respecto a los objetivos de la restauración (a menudo silvopastoriles, agroecológicos, agroforestales o agrosilvopastoriles), sus estilos de vida, sus aspiraciones de bienestar, así como la generación de ingresos de su entorno.

Es importante mejorar el conocimiento local y determinar las especies preferidas a través de análisis botánicos y ecológicos precisos y actualizados, dado que algunas de las especies escogidas por los miembros de la comunidad podrían no ser adecuadas para la restauración de los sitios elegidos, por ejemplo las especies exóticas o aquellas que se adaptan mejor a ambientes húmedos. Se deberían preferir siempre las especies autóctonas ya que están bien adaptadas a las condiciones ecológicas locales y, por ende, son las más adecuadas para el restablecimiento natural de las especies de flora y fauna autóctonas y para mejorar la resiliencia del ecosistema (Sacande y Berrahmouni 2018). Por su lado, las especies exóticas podrían causar grandes perturbaciones ambientales, especialmente las invasoras que compiten con las especies autóctonas y/o las sustituyen. Estas especies se pueden utilizar para otros fines, sin embargo, esto no es aconsejable si el resultado esperado es la sostenibilidad/resiliencia de los paisajes.

Es recomendable maximizar la diversidad de las especies plantadas en un sitio determinado asignado para la restauración, con el fin de maximizar las funciones ecológicas y, por lo tanto, construir una mejor capacidad de recuperación en el suelo, por ejemplo, un mínimo de 10-12 especies plantadas por hectárea, combinando gramináceas, árboles y arbustos.

A través de las encuestas de hogares se han identificado más de 200 especies de plantas como especies útiles para las comunidades rurales de los países de la GMV, incluyendo al menos 86 especies de árboles. Cincuenta de estas especies (arbóreas y gramináceas) se están sembrando en los seis países africanos de la ACD. En la parte superior de la Figura 2 se exhiben 32 especies de árboles autóctonos preferidos en el Proyecto de ACD, clasificadas por su porcentaje de uso en los hogares. Las ocho especies arbóreas exóticas remanentes, resaltadas en amarillo en el diagrama, son comúnmente utilizadas por los hogares rurales y, aunque no se plantan para la restauración de la tierra, algunas de ellas todavía se pueden sembrar en huertos familiares/de nutrición o en sistemas agroforestales.

Se han registrado y utilizado también datos sobre el uso de las plantas para clasificar las especies. Normalmente, se han preferido las especies con múltiples usos y alto valor de mercado, con la mayor proporción de los usos destinados, respectivamente, para el consumo humano o en la medicina veterinaria, en la alimentación o pienso para el ganado. Por ejemplo, la acacia del Senegal (*Senegalia senegal*), es una de las principales especies de restauración con múltiples usos, principalmente para mejorar la fertilidad del suelo y para producir goma arábiga, pero también se utiliza como fuente de alimento, forraje y miel (NGARA, 2017; Sacande y Parfondry, 2018). Las categorías y proporciones de los diversos usos de las especies seleccionadas y preferidas por las comunidades se presentan en la Figura 3 (véase también el Anexo 1) para las especies plantadas, tanto gramináceas como arbóreas.

VIVERO DE LA GRAN MURALLA VERDE, PROYECTO ACD, KOYLI ALPHA (SENEGAL)

FIGURA 2. Principales especies arbóreas preferidas por los hogares (países africanos de la ACD)

Diversidad de especies importantes de plantas seleccionadas y utilizadas por las comunidades rurales de la ACD para su sustento, en ocho países africanos de la GMV (Burkina Faso, Etiopía, Gambia, Mauritania, Níger, Nigeria, Senegal y Sudán). Solo las especies autóctonas se plantan para restaurar las tierras degradadas en paisajes agrosilvopastoriles, mientras que las especies exóticas se plantan en los huertos familiares.

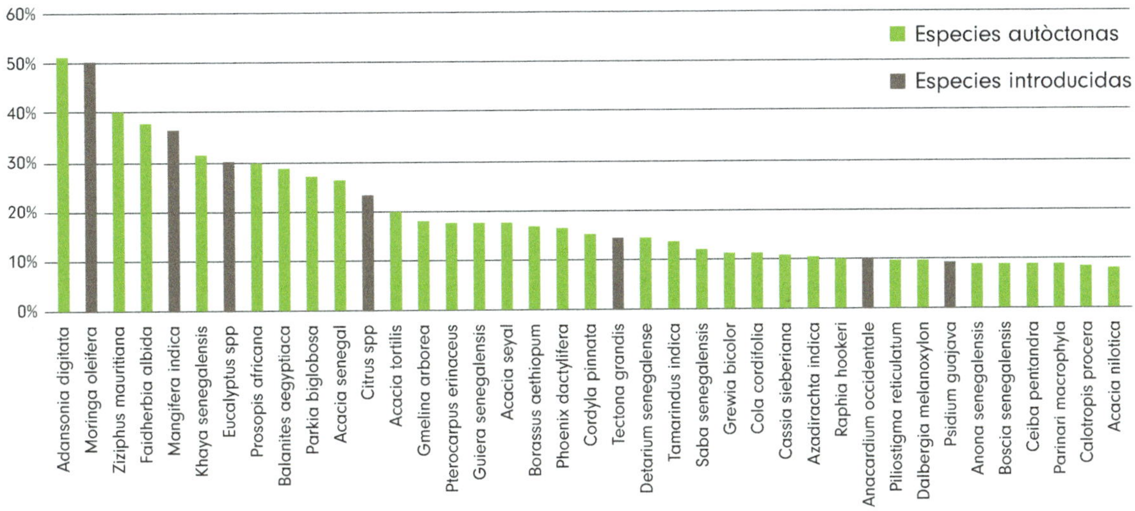

FIGURA 3. Clasificación de las especies por categoría de uso

Clasificación de las especies por categoría de uso definidas por las comunidades rurales de las zonas de intervención de la ACD. De las 150 especies preferidas, la mayoría tiene múltiples usos. Por lo general, se prefieren las plantas con alto valor de mercado, con la mayor proporción para medicina humana y veterinaria, alimentación y pienso para el ganado.

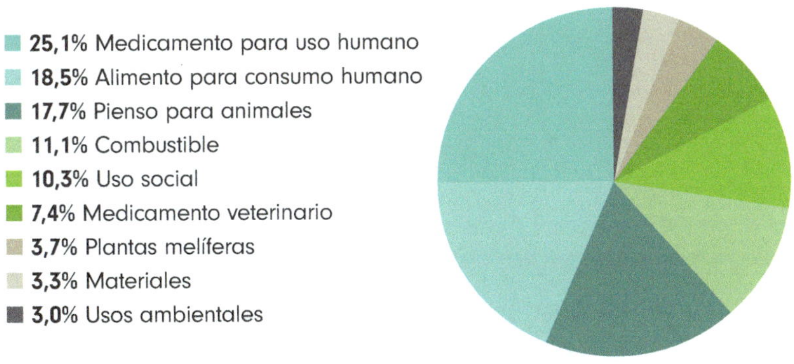

FIGURA 4. Calendario de la restauración

PARCELA DE RESTAURACIÓN DE LA ACD EN GARGABOULÉ (BURKINA FASO)

©FAO/Moctar Sacande

Planificación de las actividades de restauración sobre el terreno en el Sahel

El Sahel se caracteriza por una larga estación seca de ocho a nueve meses y una corta estación húmeda de tres a cuatro meses. La restauración de la tierra, como la agricultura de secano, está estrechamente relacionada con el calendario estacional. La estación húmeda es relativamente corta, comienza alrededor de junio y termina en septiembre, y la siembra debe realizarse a principios de la estación húmeda para maximizar el crecimiento de las plantas, cuando hay disponibilidad de agua de lluvia.

Las actividades de plantación consumen gran cantidad de mano de obra y de tiempo. Como resultado, la finalización de las actividades de siembra y el crecimiento del cultivo en un corto período de lluvias pueden ser desafiantes. Por lo tanto, puede ser difícil realizar las actividades de siembra en un breve período de lluvias permitiendo el crecimiento de las plantitas en la misma temporada. Una buena planificación es fundamental para asegurar la siembra de las especies apropiadas en el lugar correcto y al momento justo.

Las coordenadas geográficas y la superficie del terreno se determinan tan pronto como se hayan seleccionado los sitios y después se pueden determinar los siguientes elementos clave:

- la cantidad necesaria de semillas (Sección 2);
- la cantidad requerida de plántulas de vivero (Sección 3);
- la carga de trabajo requerida para preparar la tierra (Sección 4) y la siembra (Sección 5).

El calendario de la restauración (Figura 4) indica la distribución de las principales actividades que se deben realizar durante todo el año.

PRINCIPALES RECOMENDACIONES
CAPÍTULO 1

Recopilar información en la localidad sobre las especies locales preferidas y sus usos y completarla con el conocimiento científico apropiado relativo a la adaptabilidad y la propagación.

Escoger cuidadosamente un sitio de tierra degradada al alcance de la comunidad local, que tenga una clara tenencia de la tierra y un tamaño manejable.

La restauración inicia mucho antes de la siembra; las actividades se deben planificar con mucha antelación para iniciar la siembra tan pronto como caigan las primeras lluvias.

PREPARACIÓN DE SEMILLAS PARA LA SIEMBRA DIRECTA, PROYECTO ACD, DJIBO (BURKINA FASO)

2 La movilización de semillas de alta calidad para la restauración

El origen y la calidad del material de propagación utilizado (semillas, esquejes o plántulas) son factores importantes que requieren mucha atención para que la restauración de las tierras degradadas tenga éxito. De hecho, si no se movilizan y utilizan semillas de calidad, se puede poner en peligro todo el proyecto o programa de restauración. Podría ser muy difícil movilizar grandes cantidades de semillas de calidad para las plantaciones de restauración de miles de hectáreas de tierra. Si bien la manipulación de semillas de árboles forestales se debe realizar en los centros de semillas especializados, se recomienda capacitar en cascada a los técnicos de la comunidad sobre técnicas de recopilación de semillas silvestres, ya que ellos viven cerca de los bosques naturales. Este proceso es una inversión para un plazo más largo, pero es una buena estrategia de salida ante la disminución gradual de la contribución financiera externa.

Determinación de la cantidad adecuada de semillas y planificación de su recolección

La cantidad de semillas es una variable fundamental de cualquier iniciativa de siembra que no hay que subestimar y se debe determinar lo más pronto posible para permitir la movilización oportuna de semillas de calidad. La cantidad de semillas se determina por su peso (y no por su número), ya que es más fácil utilizar esta variable si se recogen o se compran las semillas. Se determina una cantidad estimada de semillas por cada especie una vez que se conocen el área de superficie para restaurar y la densidad de plantación y de la siembra. Asimismo, es importante tener en cuenta las siguientes variables con el fin de determinar el peso requerido de las semillas:

- el peso de 1 000 semillas (es decir, el peso de 1 000 semillas de una especie específica);
- la respuesta de germinación (es decir, el porcentaje de semillas de un lote específico que probablemente germinarán en un período determinado).

En el anexo se pueden consultar ejemplos de ambas variables, así como en cualquier base de datos en línea, por ejemplo, la Base de datos de información sobre semillas del Real Jardín Botánico de Kew, Reino Unido (SID, por sus siglas en inglés). El Cuadro 1 exhibe un ejemplo de cálculo de la cantidad de semillas necesarias, basado en una mezcla de tres especies de árboles (acacia, baobab y dátil del desierto). En la práctica, sin embargo, los árboles se deberían combinar con semillas de gramináceas de 3-4 especies diferentes y, ya que estas normalmente producen semillas más pequeñas (miles en 1 kg), se recomienda sembrar aproximadamente 5 kg por hectárea.

Por otra parte, es importante capacitar adecuadamente a los recolectores de semillas, lo que requiere una planificación cuidadosa ya que esta labor demanda competencias y prácticas específicas. Competencias botánicas, conocimientos de la fisiología de las semillas y habilidad para escalar árboles son algunas de las competencias necesarias. Además, ya que las semillas son recursos forestales, se deben tomar en cuenta los aspectos legales en materia de derechos de recolección de semillas (regulaciones nacionales, permisos, derechos locales, etc.) al planificar la recolección, especialmente en las áreas protegidas y en las propiedades privadas.

CUADRO 1. Cálculo de la cantidad de semillas de árboles para la restauración a gran escala (siembra de plantitas)

EJEMPLO: ¿Cuántas semillas se necesitan para restaurar un terreno forestal municipal de 100 hectáreas (densidad de siembra de 1 000 plántulas leñosas/ha) usando las siguientes especies: 70% de Acacia del Senegal, 20% de Dátil del desierto y 10% de Baobab? ¿Qué cantidad mínima de semillas se debe recolectar en rodales silvestres de Acacia (población de 75 árboles), Dátil (población de 210 árboles) y Baobab (población de 90 árboles)?

Determine la respuesta de germinación y el peso de 1 000 semillas de cada especie

Especies	Respuesta de germinación	Peso de 1 000 semillas (g)	Peso de la semilla (g)
Acacia senegal	100%	46	0.046
Balanites aegyptiaca	100%	3 000	3.000
Adansonia digitata	80%	399	0.399

Calcule el peso de las semillas que se deben movilizar

Especies	Número de plantitas por hectárea	Número total de plantitas (100 ha)	Peso de las semillas necesarias (g)
Acacia senegal	0.70 x 1 000 = 700	70 000	70 000 x 0.046 = 3 220
Balanites aegyptiaca	0.20 x 1 000 = 200	20 000	20 000 x 3.000 = 60 000
Adansonia digitata	0.10 x 1 000 = 100	10 000	(10 000 x 0.399)/0.80 = 4 987

Determine el número mínimo de árboles en los que se deben recolectar las semillas, y la cantidad de semillas que se deben recolectar por árbol

Especies	Cantidad mínima de árboles para la recolección de semillas	Peso mínimo de las semillas recolectadas por árbol (g)
Acacia senegal	25	3 220/25 = 129
Balanites aegyptiaca	70	60 000/70 = 857
Adansonia digitata	30	4 987/30 = 166

Recolección de semillas de calidad para la restauración

El material de propagación debe estar adaptado de la mejor manera posible a las condiciones climáticas y ambientales reales y previstas del sitio escogido para la restauración (Bozzano *et al.*, 2014), razón por la cual se prefieren las especies locales (autóctonas) a las exóticas. En general, las semillas se recolectan en las poblaciones de plantas silvestres aledañas al sitio de la restauración con el fin de reducir al mínimo la necesidad de transporte y, además, porque las condiciones del lugar son similares en términos de clima, altitud y tipo de suelo.

La diversidad genética forestal es un aspecto importante del cambio climático y ambiental, ya que puede ampliar la gama de oportunidades y ofrecer soluciones que aumenten la resiliencia de la zona restaurada. Se deben evitar los rodales genéticamente erosionados o fragmentados y, por esta razón, se recomienda encarecidamente mantener la distancia apropiada (es decir, 50-100 metros entre parches de árboles o de gramináceas) en el sitio de recolección. Las limitaciones asociadas con la baja diversidad genética conllevan un mayor riesgo de enfermedades y una reducida capacidad de adaptación a los cambios ambientales, entre otros, la sequía.

En un bosque natural, se recomienda recolectar semillas (Cuadro 2) en diferentes áreas y de tantos árboles como sea posible, es decir, al menos 25-30 de ellos. Si bien la recolección de semillas de un número más pequeño de árboles o de los árboles más accesibles (p.ej., cerca de una vía de acceso) podría parecer más tentadora, recolectarlas de una población de plantas de mayor tamaño asegura una mejor calidad de las semillas que tienen un acervo génico más amplio.

Ya sea en un bosque natural, una pradera o una zona cultivada, se deben recolectar semillas de las plantas que crecen en el mismo ambiente del sitio de destino (comprendido el suelo, la altitud y las precipitaciones). La mayoría de los árboles se escoge según las características deseadas (altura, rectitud del tronco, densidad foliar, etc.), independientemente de las condiciones del sitio. Por ejemplo, un árbol que es más alto que los demás puede ser así porque está creciendo en mejores condiciones y no necesariamente debido a su predisposición genética. El mejor período para recolectar las semillas es cuando los árboles están en su apogeo de producción semillera y la mayoría de sus frutas ya está madura (es decir, mínimo un 60 por ciento de fruta madura). Para maximizar la calidad, se deberían recolectar las semillas cerca del período natural de propagación.

Es importante mantener un seguimiento constante de los lugares de procedencia de las semillas para vigilar su rendimiento y compilar esta información en la base de datos del centro de semillas forestales del país, a condición de que exista. Es fundamental mantener registros para evaluar la calidad del material utilizado, además de proporcionar información para futuras decisiones sobre dónde se recolectarán las semillas. Se recomienda adoptar el Plan de semillas y plantas forestales de la Organización para la Cooperación y el Desarrollo Económicos (OCDE)[1] para asegurar el mantenimiento continuo de registros.

[1] Plan de certificación de los materiales forestales de reproducción (de la OCDE): http://www.oecd.org/agriculture/forest/.

CUADRO 2. La recolección de semillas en la práctica

SEMILLAS DE ÁRBOLES	SEMILLAS DE GRAMINÁCEAS
→ Recolecte semillas de un mínimo de 25-30 árboles, con una distancia de 50-100 mm y recójalas de diferentes ramas del árbol. → Se deben recolectar solo las semillas normales que no estén dañadas. Evítese la recolección de semillas encontradas en el suelo, o de semillas viejas. → Las frutas/semillas normalmente se recolectan a mano, después de cortarlas, o se colocan recipientes o lonas en el suelo antes de sacudir el árbol con la mano o con una herramienta o cuerda.	→ Normalmente, las semillas de gramináceas se recolectan y se descascarillan a mano, usando técnicas similares a las del aprovechamiento de cereales. → La recolección de semillas debe realizarse cuando estas ya están maduras o cerca de su período natural de dispersión. En el Sahel, el mejor período es generalmente de septiembre a noviembre. → Siempre recolecte semillas de las poblaciones que no están fragmentadas, y en las poblaciones más grandes posibles.

Manipulación y almacenamiento de semillas para la restauración

En dependencia de las especies, hay que extraer las semillas de las frutas (despulpándolas) y secarlas cuando sea necesario, antes de limpiarlas (evítese la limpieza mecánica que puede dañarlas) y escogerlas (a través de filtración, flotación, cernido, etc.).

Es importante comprender los parámetros que afectan la calidad inicial de las semillas, ya que estos determinarán su viabilidad, germinación, respuesta, longevidad y conservación a largo plazo. En cada población, la proporción de semillas viables, después de almacenarlas bajo condiciones específicas, depende principalmente de estas dos variables: contenido de humedad y temperatura. En síntesis, una viabilidad inicial más alta garantizará una mayor respuesta de germinación y de longevidad de la semilla.

El potencial de longevidad de la semilla está afectado por parámetros ambientales durante su desarrollo, así como por las condiciones posteriores a la cosecha; por ejemplo, las semillas poco maduras que se han secado con demasiada rapidez tienen un período de longevidad reducido. El período de almacenamiento de las semillas es diferente para cada una de las especies, procedencias de las mismas y condiciones de almacenamiento (Cuadro 2) y se deben almacenar bajo las condiciones apropiadas correspondientes al tipo de semilla (recalcitrante, intermedio, ortodoxo). Las semillas recalcitrantes no se pueden almacenar durante largos períodos y deben sembrarse tan pronto como sea posible.

En general, las semillas de gramináceas son ortodoxas y se pueden almacenar durante muchos años en un cuarto frío, después de un secado adecuado, pero la infraestructura y el mantenimiento son costosos y no necesariamente requeridos para el uso a corto plazo de las colecciones de restauración. De hecho, bajo condiciones ambientales, estas semillas mantienen su capacidad germinativa durante varios años.

RECUADRO 2. Clases de ambientes de almacenamiento de semillas y cómo almacenarlas a corto plazo

	¿Qué son?	¿Cómo almacenarlas?	¿Cuánto tiempo se pueden almacenar?	Ejemplos
Semillas ortodoxas	Se pueden secar a bajo contenido de humedad y son resistentes a bajas temperaturas durante largos períodos (semillas secas)	Se deben secar (< 5% de contenido de humedad) y almacenar en recipientes limpios y sellados. Los contenedores se deben almacenar en un lugar fresco, oscuro, seco y ventilado y, de preferencia, por encima del nivel del suelo para evitar la humedad	De uno a dos años, pero hasta más de cinco años	*Panicum laetum* Mayoría de *esp. Acacia*
Semillas intermedias	Sobreviven al secado pero no pueden sobrevivir a bajas temperaturas	Se deben secar y almacenar a temperatura normal	Hasta un año en condiciones ideales de almacenamiento	*Khaya senegalensis* *Balanites aegyptiaca*
Semillas recalcitrantes	No pueden sobrevivir por debajo de un secado con contenido de humedad relativamente alto y bajas temperaturas (semillas húmedas)	Se deben mantener en un ambiente relativamente húmedo (aserrín húmedo o vermiculita) y se deben sembrar tan pronto como sea posible	Una o dos semanas en las condiciones ideales de almacenamiento	*Boscia senegalensis* *Detarium microcarpum*

Fuente: Real Jardín Botánico de Kew, 2019 (Sacande, Sanogo y Beentje, 2016).

PRINCIPALES RECOMENDACIONES CAPÍTULO 2

Calcule la cantidad (peso) de las semillas necesarias para cubrir cada especie de todo el sitio de la restauración e identifique hacia dónde y cómo movilizar estas semillas.

Planifique cuidadosamente la recolección de las semillas y maximice su diversidad genética, recolectándolas de grandes poblaciones arbóreas y de un gran número de árboles dentro de la misma población.

Tome en cuenta las características específicas de la semilla que determinarán cómo y por cuánto tiempo se pueden almacenar antes de sembrarlas en un vivero o directamente en el terreno.

VIVERO, PROYECTO ACD, OUEDRAOGO SALIF, DJIBO (BURKINA FASO)

3 La producción de plántulas de vivero de calidad

Los viveros son estructuras en las que se cultivan plantitas a partir de semillas antes de sembrarlas en el terreno en el sitio de la restauración. La producción de plántulas es más costosa y exige más trabajo que la siembra directa de semillas. Sin embargo, al plantarlas en el período adecuado, las posibilidades de supervivencia son mayores solo en los primeros años, ya que han sido controladas en un vivero donde se les ha suministrado la cantidad apropiada de agua, sombra y protección del ramoneo. En el Proyecto ACD, los resultados muestran que, para la mayoría de las especies, después de tres estaciones húmedas, casi no hay diferencia de crecimiento en el terreno entre una plantita sembrada directamente y una de semillero.

Construcción y manejo de un vivero

Si hay que construir un vivero, es importante definir con exactitud su función y su capacidad de producción, además de sus dimensiones y ubicación, respectivamente, para el sitio de la restauración. El vivero debería ubicarse lo más cerca posible del sitio de la plantación para reducir la necesidad de transporte, ya que puede ser muy costoso transportar miles de plántulas a través de largas distancias (¡una plántula de maceta pesa alrededor de 1 kg!). Una opción factible podría ser construir un vivero temporal en el sitio de la restauración, o en sus cercanías, para eliminarlo una vez que se hayan sembrado las plantas.

En primer lugar, la construcción de un vivero local cerca de los asentamientos permitiría un acceso más fácil al agua y a la fuerza de trabajo. Un vivero local podría ser más eficaz, ya que reduciría la necesidad de transportar las semillas que se recolectan en los rodales aledaños al sitio de la restauración.

En segundo lugar, el manejo del vivero se concentraría en la organización de sus principales áreas y equipos. Se requieren áreas específicas para: camas de siembra y propagadores (cajas de semilleros), preparación del sustrato y del compostaje, almacenamiento de equipos (incluidos picos, palas, azadones, carretillas, etc.).

Por último, el manejo racional sirve para mantener registros detallados de la producción, entregas, cuentas e informes del vivero. Los informes de producción registran entradas (y fechas) como semillas, abono, productos de tratamiento; y salidas, como las plántulas producidas y sus cantidades, calidades, las respuestas de germinación, la edad y la información para dar seguimiento al crecimiento de las plántulas. Es importante mantener registros de su rendimiento para mejorar la calidad de las plántulas producidas y aumentar su rentabilidad. Además, se necesitan documentos contables para registrar las ventas y/o salidas de las plántulas de semillero, los gastos y los ingresos, así como las listas de los clientes y sus datos de contacto. La calidad del sustrato es un elemento clave que influye directamente en el crecimiento de las plantas de vivero y, en general, consiste en una mezcla en proporciones variables de:

- → suelo;
- → un material rico en nutrientes, p.ej., el compostaje;
- → un material inerte como la arena.

Diferentes proporciones de estos componentes se traducirán en diferentes texturas del suelo, por tanto, en una capacidad diferente para la retención de agua y nutrientes. El sustrato ideal para el vivero debe tener una buena cohesión y ser capaz de retener suficiente agua y nutrientes sin producir pesadez (no debe pegarse a las manos), además, la materia orgánica del suelo y la fertilidad deben ser altas. A fin de evitar la contaminación, se recomienda encarecidamente no reutilizar la tierra de las bolsas viejas al preparar material para nuevas plantas.

Con el fin de facilitar el manejo de los viveros, las plantitas se deben acomodar en hileras, teniendo en cuenta lo siguiente:

- → el espacio entre hileras debe permitir un fácil acceso para el mantenimiento;
- → el número de plantitas por hilera debe ser constante, para facilitar el conteo, el transporte, etc.

Tratamiento previo de semillas para la germinación

Cada semilla tiene un período específico de reposo vegetativo (exógeno, endógeno, ambos) y para despertar esta latencia es importante seguir un protocolo específico que puede incluir: escarificación manual/mecánica, hervido y tratamientos de acidificación.

Durante todo el Proyecto ACD se han probado técnicas innovadoras de inoculación con microorganismos para mejorar el establecimiento y el rendimiento de las plántulas en el terreno (Recuadro 3). Estos tratamientos se pueden aplicar en diferentes etapas, por ejemplo, el recubrimiento de las semillas, la inoculación de las plántulas en el vivero o en el terreno. Los resultados son muy prometedores y estas técnicas se están desarrollando aún más para su incorporación y adopción generalizadas.

RECUADRO 3. Inoculación de plantaciones de restauración con microorganismos (semillas y plántulas)

Algunas asociaciones simbióticas naturales proporcionan beneficios mutuos entre los microorganismos del suelo (bacterias y hongos) y las plantas a través de sus raíces. Estas asociaciones incluyen:

- → **Rhizobium** (bacterias) que facilitan la fijación de nitrógeno a través de los nódulos de las raíces (en su mayoría en las legumbres –p.ej., acacias– y tubérculos);
- → **Micorriza** (hongos) que viven en las raíces de las plantas y proporcionan beneficios mutuos, presentes en el 95% de las plantas tropicales.

La inoculación consiste en integrar el inóculo (microorganismos vivos) en las plantas, utilizando diferentes técnicas. Los experimentos han demostrado que la inoculación de los propágulos del vivero con hongos micorrícicos o rizobios apropiados y otros tratamientos de semillas, facilita y acelera el establecimiento de las plántulas aumentando la absorción de agua y de los nutrientes y mejora la vitalidad de las plantas sometidas a diversas situaciones de estrés. Entre las diferentes técnicas de inoculación que se pueden aplicar a las plantaciones de restauración se incluyen: **1.** Recubrimiento de semillas para la siembra directa; **2.** Inoculación de las plántulas en el vivero; **3.** Inoculación de las plántulas en el terreno.

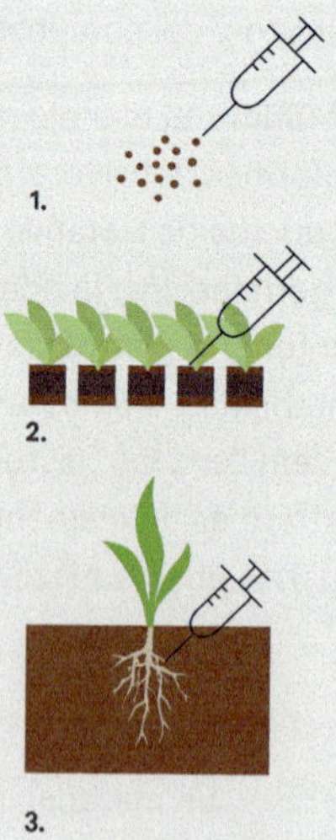

Manejo de las plántulas de vivero y su preparación para el terreno

Es preferible realizar el riego a mano (con manguera o regadera). Es necesario regar frecuentemente hasta que germinen las semillas, ya que la germinación siempre es provocada por el agua. Bajo condiciones de calor se debe regar por las tardes para reducir la evaporación. También es eficaz cubrir y proteger el suelo contra la luz solar para reducir la rápida evaporación del agua. Las malezas compiten con las plántulas por el agua y los nutrientes y se deben eliminar; además, también pueden impedir la circulación del aire y ser posibles fuentes de patógenos.

Después de tres a seis meses, las plántulas de especies de crecimiento rápido (p.ej., las acacias) normalmente alcanzan una altura de 40 a 80 cm. En general, en esta etapa de desarrollo sus posibilidades de supervivencia deben ser buenas, una vez sembradas en el terreno. Las especies de crecimiento lento (p.ej., *Balanites aegyptiaca*, *Faidherbia albida*, y *Tamarindus indica*) pueden necesitar de 14 a 18 meses en el vivero antes de plantarlas en el terreno. Por esta razón, es importante planificar cuidadosamente los proyectos de restauración, con un marco temporal suficiente para la producción de las especies que crecen con menor rapidez.

Dos semanas antes de plantarlas, se puede reducir a la mitad la cantidad de agua con el fin de facilitar la adaptación a condiciones más secas y se deben regar abundantemente las plántulas el día antes de la siembra. Si se utilizan plántulas a raíz desnuda, estas se deben extraer del suelo con cuidado, usando un cuchillo afilado o tijeras de podar para escamondar las raíces. Algunas plántulas requieren también la poda de sus partes aéreas. Hay que proteger las raíces con tierra húmeda y colocar las plantas en bolsas de propileno para transportarlas al sitio de la siembra final.

PRINCIPALES RECOMENDACIONES
CAPÍTULO 3

Antes de construir un vivero, es esencial definir su función específica, el lugar y la cantidad de plántulas que se utilizarán. Por consiguiente, se deben definir la ubicación del vivero, su capacidad de producción y su tamaño.

Hay que elevar al máximo la eficiencia del vivero escogiendo cuidadosamente el sustrato, el subsiguiente tratamiento de la germinación, y el cuidado de las plántulas (agua, sombra).

Hay que vigilar continuamente el crecimiento de las plántulas para asegurar un manejo adaptativo.

PREPARACIÓN DEL SUELO A GRAN ESCALA, PROYECTO ACD, BURKINA FASO

4 La preparación del suelo para la restauración a gran escala

En los paisajes degradados con baja (o inexistente) cubierta vegetal, el suelo no es capaz de absorber el agua y, por tanto, esta se pierde en el escurrimiento o la evaporación. En el Sahel, es fundamental mejorar la preparación del suelo a través de la captación de aguas, la retención y la permeabilidad del suelo para que las plantaciones forestales y agrícolas tengan éxito. En las tierras secas, es esencial preparar el suelo y la tierra para retener la humedad y proporcionar un mejor ambiente de crecimiento a las plantas antes de la siembra. Los dos microsistemas de captación de aguas, basados en la excavación de microcuencas para mejorar la retención hídrica son: i) el manual de sistemas agroforestales o agroecológicos; ii) los sistemas mecanizados, utilizando un tractor acoplado con un arado especial para sistemas agrosilvopastoriles más extensos.

La preparación tradicional del suelo

Entre los microsistemas tradicionales de captación utilizados en el Sahel se incluyen el "medialuna" y el "zaï" o "tassa". El sistema tradicional medialuna conlleva la excavación de grandes agujeros para la plantación (2-3 metros de ancho) en forma de semicírculo y la colocación de la tierra excavada en la parte baja para formar un terraplén en líneas de nivel de manera que durante la estación húmeda, el agua no se escurra por la superficie, sino que penetre en el suelo favoreciendo el crecimiento de la vegetación. El suelo preparado de esta manera retiene unos 100 litros de agua de lluvia por año y en una hectárea de tierra se pueden excavar unas 300 medialunas, aproximadamente. Se pueden también utilizar fertilizantes orgánicos para mejorar el suelo, rellenando los agujeros de la medialuna o del zaï con compostaje o guano. Estas técnicas se utilizan normalmente en los sistemas agroforestales o agroecológicos, ya que facilitan la restauración de las tierras degradadas y también aumentan la fertilidad del suelo.

Sin embargo, la preparación tradicional a mano de estas microcuencas –con equipos tradicionales o tracción animal– es difícil, lenta y laboriosa. Si bien se han demostrado eficaces, estas prácticas no son compatibles con los objetivos de la restauración a gran escala, planteados en respuesta a la enorme cantidad de tierras degradadas en la región central de la GMV, especialmente frente a los efectos del rápido cambio climático.

La preparación mecanizada del suelo

Para preparar el suelo a escalas más extensas (p.ej., 50-200 ha), se realiza el arado profundo mecanizado utilizando el equipo especializado Delfino: un concepto inspirado por los métodos tradicionales del Sahel descritos anteriormente. Este arado excava a mayor profundidad (50-80 cm), rompiendo la corteza dura del suelo y exponiéndolo de tal forma que se construyen micropresas o microcuencas de captación para mejorar la permeabilidad y la retención de la humedad (10 veces más que el sistema a mano – unos 1000 litros por estación húmeda). Esta maquinaria es arrastrada por un tractor de gran potencia (unos 100 CF) en las pendientes con una inclinación de hasta el 10 por ciento de las áreas que tienen una precipitación anual de 200 a 600 mm.

La nueva generación de arados Delfino facilita la preparación de grandes superficies de tierra degradada en un período de tiempo limitado. Un tractor con un arado Delfino puede cubrir hasta 15-20 hectáreas al día, construyendo unas 500-700 microcuencas por hectárea. En comparación, 100 trabajadores excavarían unas 300 microcuencas, aproximadamente, en la misma jornada laboral.

Los tractoristas necesitan una capacitación especial para asegurar la excavación de las medialunas en la dirección correcta (es decir, perpendicular a las pendientes), y para no destruir la vegetación existente. De igual importancia es la planificación del mantenimiento del tractor (mecánica, repuestos, etc.) ya que, además de los arados especializados, el grupo Delfino ofrece los servicios de un taller de mantenimiento especializado (servicios posteriores a la venta), así como una escuela de formación en África occidental para los mecánicos y los tractoristas que utilizan este equipo. Algunas unidades Delfino de la primera y segunda generación siguen funcionando correctamente después de 15-20 años de utilización.

Para fines de seguimiento y presentación de informes, es importante registrar los polígonos consistentemente con auxilio de un dispositivo GPS, con el fin de identificar/cartografiar con precisión la ubicación y las medidas de las áreas que se ararán. Esto permitirá dar seguimiento a los aumentos de la biomasa (índice de vegetación) después de la siembra, además de evaluar el posible éxito o fracaso de las intervenciones.

CUADRO 3. Estadísticas/especificaciones técnicas de una unidad de arado Delfino

Terreno preparado por día	15 a 20 ha
Promedio anual de terrenos preparados	1 000 a 1 250 ha
Espaciamiento entre trincheras	3-5 m
Espaciamiento entre 2 microcuencas en hilera	1-2 m
Número de microcuencas en una hilera de 100 m	12 medialunas en 100 m
Dimensiones de las medialunas o microcuencas	Diámetro: 0,90-1 m Profundidad: 0,50-0,80 m Longitud: 4-5 m
Capacidad de retención hídrica	Hasta 1 000 litros por temporada (mantiene la humedad hasta 2 meses después de las lluvias)
Períodos para el arado	Octubre a junio (estación seca antes de las precipitaciones)
Densidad de la plantación/siembra	600-1 000 plántulas de vivero por ha 2-3 kg de semillas de gramináceas sembradas directamente

FIGURA 5. Mejora de la preparación del suelo, comparando el arado tradicional y mecanizado

TRADICIONAL

- **LENTO Y AGOTADOR:** en general 1 ha/día, con 100 personas
- **PROFUNDIDAD DE PREPARACIÓN DEL SUELO:** hasta 50 cm
- **BAJA INVERSIÓN** (herramientas, mano de obra), pero el costo por ha es alto

MECANIZADO

- **VELOZ:** 15 a 20 ha/día, con un equipo de 2 tractoristas y 1 mecánico
- **PROFUNDIDAD:** hasta 1 m
- **ALTA INVERSIÓN INICIAL** (arado y tractor) pero menos costo por ha y más barato a largo plazo

PRINCIPALES RECOMENDACIONES
CAPÍTULO 4

Hay que planificar la preparación del suelo con mucha anticipación para asegurar que esté preparado antes del inicio de la estación húmeda.

La preparación mecanizada del suelo permite la restauración de grandes superficies en un menor período, volviendo más factible la respuesta a las enormes demandas de la restauración.

Se debe realizar la preparación mecanizada del sitio en grandes parcelas de tierra (p.ej., de 50 a 200 ha) para que sea económicamente factible.

MUJERES SIEMBRAN PLÁNTULAS DE VIVERO EN UNA PARCELA DE RESTAURACIÓN EN GARGABOULE, PROYECTO ACD, DJIBO (BURKINA FASO)

5 La siembra directa y la siembra de plántulas de vivero

Una vez que se han determinado las especies para la siembra, se han recolectado las semillas, se han producido las plántulas y se ha preparado el terreno, se puede dar inicio a las actividades de siembra. Tanto las semillas como los tocones de árboles, arbustos o gramináceas, se utilizan directamente en las plantaciones de restauración para mejorar los sistemas agrosilvopastoriles degradados. Es muy importante prestar atención al período de la siembra, a la densidad de plantación o a la proporción de plántulas por área de superficie.

La densidad de plantación

Si bien las plántulas de vivero tienden a tener un mayor grado de supervivencia, la siembra directa puede ser más rentable, especialmente en el caso de la restauración a gran escala cuando se deben cubrir las áreas de superficie y se deben sembrar grandes cantidades de plántulas. Las semillas de gramináceas, en particular, se deben sembrar directamente, al igual que las semillas de especies leñosas; y se deben plantar en el suelo seco antes de las lluvias. Como se mencionó anteriormente, es recomendable utilizar una mezcla de un mínimo de 10 especies por hectárea, combinando plantas anuales y perennes para maximizar las funciones sociales y ecológicas y la resiliencia.

En las tierras secas se puede encontrar un equilibrio elevando al máximo la densidad forestal sin comprometer los recursos hídricos subterráneos; se ha demostrado que una densidad forestal intermedia facilita la maximización de la recarga de un acuífero (Ilstedt *et al.*, 2016). Sin embargo, es difícil determinar la densidad forestal ideal ya que esto depende de las especies utilizadas y de los factores ambientales, incluidas las precipitaciones anuales. Incluso en el caso en que la densidad forestal del ecosistema de referencia es mucho más baja, la densidad de siembra puede ser mucho mayor para compensar la posible mortalidad durante los primeros años después de la siembra, debida a factores como la sequía o el ramoneo de los animales o, en casos de éxito, volver a examinar el espaciado años más tarde a través del raleo, lo que proporcionaría leña.

Los siguientes números se pueden utilizar como referencia para la densidad de la plantación forestal en el Sahel:

→ **Densidad alta** (p.ej., terrenos forestales municipales, producción de combustible de madera): hasta 1 000 plántulas/ha;

→ **Densidad menor o intermedia** (p.ej., tierras pertenecientes a distintas comunidades, terrenos silvopastoriles): entre 625 y 1 000 plántulas/ha;

→ **Densidad baja** (p.ej., sistemas agroforestales, espaciamiento para la producción de cultivos): entre 100 y 625 plántulas/ha.

Los tocones y las semillas de árboles se deberían combinar con forrajeras herbáceas de, al menos, tres o cuatro especies. Las semillas se plantan a través de la siembra directa en una proporción recomendada de 3-5 o 5-10 kg/ha, dependiendo de la especie.

La siembra en el terreno

Las actividades de siembra (siembra directa y de tocones de árboles) exigen mucho trabajo, sin embargo, son una mejor oportunidad para las comunidades involucradas directamente en la restauración de sus paisajes (más aún si la preparación de la tierra ha sido mecanizada). Por lo tanto, se debe dedicar una cantidad adecuada de tiempo a ofrecer demostraciones a los participantes sobre las técnicas de plantación y la siembra de especies, aumentando así su sensibilización y participación.

El mejor momento para plantar en las tierras secas es cuando el suelo tiene suficiente agua para permitir la germinación de las semillas. Es igualmente importante asegurar el máximo suministro de agua durante las primeras semanas después de haber sembrado las plántulas. En el Sahel, dada la creciente variabilidad y la incertidumbre de los modelos de precipitación debido al cambio climático, puede ser poco oportuno plantar inmediatamente después de la primera lluvia; sería mejor realizar esta actividad después de que las primeras lluvias se han asentado.

El primer paso consiste en marcar el lugar donde se plantará cada árbol de acuerdo con el plan de siembra (p.ej., tres plántulas por cada medialuna). Se debe excavar un agujero lo suficientemente grande para cada plántula y de preferencia inmediatamente antes de que esta se coloque en el lugar, reduciendo así al mínimo la desecación del suelo. Se debe retirar el contenedor (bolsa) de las plántulas antes de sembrarlas y este se debe eliminar de manera adecuada. Hay que compactar levemente el suelo alrededor de las plántulas para eliminar todos los espacios o cavidades vacíos alrededor de las raíces.

6 El manejo de los sitios restaurados

Los sitios restaurados proporcionan muchos beneficios, algunos de los cuales están disponibles pocos meses después de las actividades de restauración y de las intervenciones. Es importante también señalar que las especies gramináceas se incluyen específicamente en los materiales de plantación para la restauración a gran escala, con el fin de proporcionar forraje fácilmente dentro del primer año de plantación. La siembra de forraje en las parcelas restauradas, y su aprovechamiento para la alimentación animal –un recurso muy codiciado sobre todo durante los ocho meses de estación seca y, a veces, una fuente de tensión– ha sido una de las historias de éxito de las comunidades beneficiarias del Sahel, que combinan la agricultura y el pastoreo. Al mismo tiempo, el control del ramoneo del ganado en los sitios restaurados ha sido uno de los grandes desafíos. Si se deja sin manejar, la nueva y frágil cubierta vegetal se puede reducir rápidamente o incluso puede desaparecer. Por lo tanto, las comunidades beneficiarias (propietarios) se comprometen a echar a andar las acciones activas necesarias para mantener y proteger las parcelas restauradas y para cosechar los beneficios.

Creación de un comité de gestión comunitaria

En el enfoque de restauración a gran escala, la vigilancia y el mantenimiento de los sitios restaurados se llevan a cabo de manera más eficaz a través de la continua movilización de la comunidad, o la llamada "valla social". La instalación y el mantenimiento de vallas físicas son muy costosos y poco realistas si se comparan con la magnitud de los millones de hectáreas que se deben restaurar a lo largo de toda la GMV. La movilización social/comunitaria requiere una gestión colectiva y mecanismos de toma de decisiones con el fin de evitar conflictos y permitir la distribución equitativa de los beneficios de la restauración.

©FAO/Moctar Sacande

©FAO/Giulio Napolitano

©FAO/Giulio Napolitano

APROVECHAMIENTO DEL FORRAJE Y RECOLECCIÓN DE SEMILLAS, PROYECTO ACD, DOUMA (NÍGER)

En su modelo de intervención, el marco de consulta y discusión establecido por la ACD estimula activamente a las comunidades a establecer comités de gestión comunitaria o COGES (del francés "*Comité de Gestion*") para los sitios de la restauración. Los COGES son responsables de sensibilizar y movilizar a los miembros de la comunidad para que participen activamente en las actividades de restauración y de manejo. También se toman ahí las decisiones colectivas por su contribución a la restauración y a sus objetivos, la vigilancia del sitio y la utilización de las áreas restauradas, además de organizar su manejo.

Estos comités se componen de unos 10 miembros, incluido un presidente. La participación de mujeres y jóvenes es el eje central del enfoque de la ACD y se requiere su representación en cada COGES. Esto ha dado la oportunidad a muchas mujeres de ponerse al frente, de ser tomadas en consideración (algunas como presidentas) y de expresar su opinión en las actividades de la restauración, lo que ha permitido su empoderamiento.

En el Programa de ACD, la producción y la venta (o el autoconsumo) del forraje es el primer beneficio más directo y más importante para las comunidades participantes. Este, por lo tanto, se convierte en un poderoso incentivo para que los miembros de la comunidad participen en las actividades de la restauración. Junto con otros productos no maderables y cadenas de valor promovidas a través del Programa (véase Sacande y Parfondry, 2018), este tipo de incentivos ha producido impactos socioeconómicos significativos en las comunidades (la Parte II de este manual detalla la forma de evaluar estos impactos a través de las encuestas de hogares), garantizando su participación en todo el proceso de restauración.

PRINCIPALES RECOMENDACIONES CAPÍTULO 6

La continua movilización social y la distribución equitativa de los beneficios de la restauración son el eje central del enfoque de ACD para la gobernanza y el éxito de la restauración y para la sostenibilidad de las intervenciones.

El Comité de gestión comunitaria permite el manejo colectivo y la toma de decisiones sobre la vigilancia, el mantenimiento y el aprovechamiento de los sitios restaurados.

La participación de mujeres y jóvenes y su representación en los comités de gestión de la restauración ofrecen grandes oportunidades de empoderamiento.

UN OFICIAL FORESTAL CONDUCE UNA ENCUESTA SOBRE EL USO DE LAS PLANTAS, PROYECTO ACD, TERA (NÍGER)

©FAO/Giulio Napolitano

APROVECHAMIENTO DEL FORRAJE, PROYECTO ACD, DOUMA (NÍGER)

©FAO/Giulio Napolitano

MÉTODOS DE EVALUACIÓN Y ENCUESTA SOCIOECONÓMICAS DEL IMPACTO DE LA RESTAURACIÓN A GRAN ESCALA EN LAS COMUNIDADES

A través de la restauración a gran escala, descrita en la primera parte de este manual, el objetivo de la Acción Contra la Desertificación (ACD), de la FAO, es mejorar el capital natural y, por tanto, producir impactos directos e indirectos en los medios de vida de las comunidades que viven cerca de las áreas restauradas.

El mejoramiento de los medios de vida como resultado de la restauración a gran escala es muy diferente y no se puede medir solamente en base a los ingresos (Recuadro 4). El aprovechamiento del forraje en el primer año después de la siembra, por ejemplo, mejora la producción animal y repercute directamente en los ingresos, la seguridad alimentaria y la nutrición. Asimismo, la restauración de las tierras degradadas permite mejorar la producción de cultivos con un impacto similar al descrito anteriormente. Además, la siembra de especies arbóreas locales, mientras apoya a las organizaciones de mujeres en la producción de productos forestales no maderables (PFNM – como goma arábiga, miel, y muchos otros frutos comestibles, aceites y otros productos) genera un impacto positivo en los ingresos familiares y en la seguridad alimentaria, así como en el empoderamiento de la mujer.

El seguimiento y evaluación (SyE) puede registrar los avances realizados, además de medir los impactos biofísicos y socioeconómicos, ambos componentes clave de estas intervenciones. Desde 2015, la ACD ha estado utilizando las encuestas de hogares para recoger datos socioeconómicos que se utilizan en la evaluación del impacto y la toma de decisiones. Este enfoque no es una nueva metodología propiamente dicha, es más bien un sistema creado por la combinación de diferentes marcos existentes que incluyen la Escala de experiencia de inseguridad alimentaria de la FAO (FIES, por sus siglas en inglés). Las encuestas de hogares se conducen en base a un cuestionario dirigido a hogares seleccionados como muestra representativa desde el punto de vista estadístico. El objetivo de esta segunda parte del manual es guiar a los ejecutores del proyecto en la conducción de encuestas socioeconómicas rápidas, sencillas y rentables con poca formación.

Este método ha ofrecido a la ACD los instrumentos para establecer una situación de referencia (línea de base) del proyecto para la evaluación de impacto y, además, usar los datos recogidos para la toma de decisiones en el proyecto, por ejemplo, a fin de apoyar la selección de las especies a utilizarse en la restauración y usarlo como guía para proyectos similares. Los resultados de la evaluación socioeconómica de referencia se publicaron en 2018 (Sacande, Parfondry y Martucci, 2018) y proporcionan información nueva y valiosa sobre las características socioeconómicas y biofísicas de los países de la GMV. Como consecuencia de estos resultados exitosos, el método ha suscitado gran interés fuera del proyecto y, de hecho, ha sido

LIMPIEZA DE SEMILLAS, PROYECTO ACD, CENTRO NACIONAL DE SEMILLAS DE ÁRBOLES, NIAMEY (NÍGER)

aplicado por otras organizaciones. Asimismo, se han realizado varias sesiones de capacitación patrocinadas por el proyecto para promover su uso tanto dentro como fuera del Proyecto ACD. Esta sección del manual tiene por objetivo una mayor disponibilidad y adopción por otros actores de la GMV y más allá. Otros usuarios incluirían seguimiento, evaluación y personal técnico de las ONG y de las organizaciones gubernamentales y las internacionales.

7 Las evaluaciones socioeconómicas en el contexto de la restauración a gran escala

El mejoramiento de los medios de vida es uno de los principales objetivos de las iniciativas de restauración a gran escala y otros proyectos en el contexto de la Gran Muralla Verde. Las encuestas de hogares son un medio eficaz para recoger datos socioeconómicos en las zonas de intervención y se utilizan para medir el logro real y el impacto de estos objetivos. Esta información socioeconómica ayuda a mejorar el diseño, la planificación, la priorización y la evaluación de las intervenciones de restauración con las comunidades.

Es necesario dar seguimiento y evaluar los proyectos de restauración con el fin de valorar dónde se han producido cambios y si estos cambios tienen que ver con las actividades del proyecto. En este contexto, la evaluación de impacto debe entenderse como un enfoque que ayuda a determinar la eficacia de las actividades del proyecto, midiendo los cambios y los efectos a largo plazo causados por esas actividades. Es una parte integral del SyE y, como tal, se puede integrar en el marco lógico del proyecto y se puede medir a través de los indicadores de impacto.

Se debe distinguir claramente entre actividades o realizaciones (resultados directamente mensurales), resultados (efectos específicos que se pueden observar durante el transcurso del programa), e impactos (efectos a largo plazo del programa). De hecho, mientras que las realizaciones por lo general se pueden evaluar mediante una simple presentación de informes sobre las actividades del proyecto (p.ej., número de hogares que participan en actividades de educación), se deben seleccionar cuidadosamente los indicadores de los resultados y del impacto a fin de reflejar las mejoras a mediano y largo plazo, respectivamente.

Los datos socioeconómicos se pueden recopilar de diferentes maneras y una de las más comunes y eficaces es a través de una encuesta de hogares. En primer lugar, en una encuesta de hogares, estos se identifican como la unidad elemental más baja desde la cual se recogen los datos y se realizan las mediciones. Este tipo de encuestas recoge sobre todo información sobre las fuentes de ingresos, el tamaño de las tierras, las características de la vivienda, las estrategias de afrontamiento, la producción y el consumo de alimentos en el hogar, la calidad de la dieta (FAO, 2011).

En segundo lugar, una encuesta de hogares se basa en un conjunto estandarizado de preguntas (Capítulo 8) que producen datos cuantitativos utilizando técnicas estadísticas, es decir, realizando mediciones más precisas. Las respuestas a las preguntas de la encuesta, entonces, se utilizan para evaluar los indicadores de impacto previamente determinados. La información obtenida de una muestra (o subconjunto de hogares) se puede generalizar para toda la población de interés (Capítulo 9).

Lo ideal sería que el diseño de la evaluación se combinara con los dos enfoques siguientes (Figura 6):

→ **Recopilación de datos en dos momentos diferentes:** se hacen las mismas preguntas antes de dar inicio al programa (lo que proporciona valores para los indicadores en el momento "0" del proyecto, es decir, la "situación de referencia"); y de nuevo después de la ejecución (la "situación final"). La comparación de los niveles de los indicadores antes y después del proceso proporciona una evidencia cuantitativa de los cambios que han ocurrido desde el comienzo del programa.

- **Análisis comparativo:** se hacen las mismas preguntas después de la ejecución del programa a los hogares participantes, así como a aquellos que no participaron (es decir, el grupo de control) y que viven en condiciones similares. La comparación entre ambos grupos se divide entonces entre la situación socioeconómica real de los hogares después de la intervención y la situación potencial si no se hubiera ejecutado el proyecto. Por lo tanto, el análisis comparativo verifica si los cambios observados se pueden atribuir al proyecto o programa.

Las encuestas de hogares no se utilizan solo para la evaluación del impacto, sino que potencialmente pueden servir para recoger una gran cantidad de información diferente y útil relacionada con los medios de vida. Si se realiza antes de una intervención de restauración a gran escala, una evaluación socioeconómica puede proporcionar información clave para la toma de decisiones, es decir, para mejorar la planificación y el diseño de la intervención. Se deben evaluar cuidadosamente y por adelantado las exigencias de información incluyendo, entre otros aspectos:

- las especies de plantas utilizadas por los hogares (que, potencialmente, se pueden escoger como especies preferidas para la restauración);
- las principales fuentes de medios de vida (que, p.ej., pueden servir como guía para el uso del forraje o de especies agroforestales para la restauración);
- la forma en que se utilizan los bosques y la tierra (y los posibles conflictos);
- las capacidades y las necesidades de capacidad existentes;
- la identificación de sitios potenciales para la restauración.

FIGURA 6. Diseño de evaluación del análisis "en dos momentos diferentes" vs. el "comparativo"

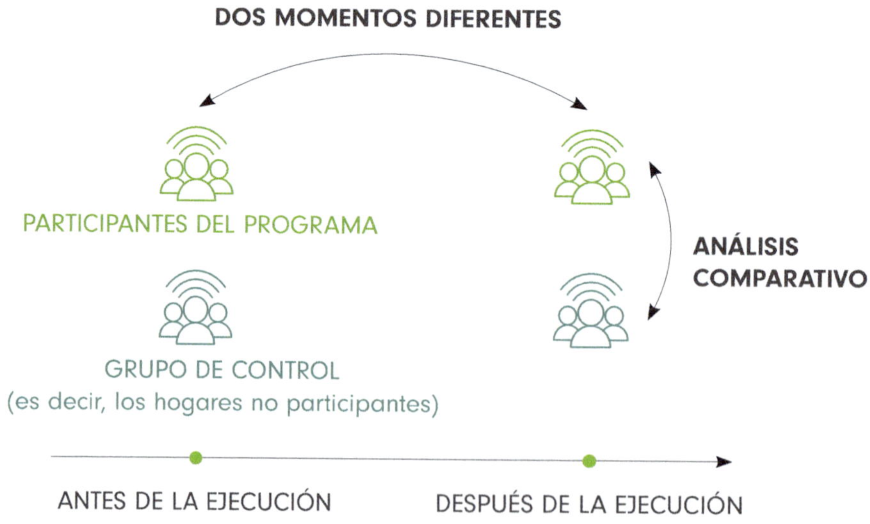

8 El diseño de un cuestionario de encuesta

Se pueden utilizar diferentes herramientas para reunir información socioeconómica sobre una población, comprendidas la recolección de datos estadísticos, las entrevistas detalladas y la observación del comportamiento de las personas, además de los cuestionarios. Sin embargo, para las evaluaciones socioeconómicas se prefieren los cuestionarios, especialmente cuando la población objetivo vive en las zonas rurales. Los cuestionarios pueden proporcionar datos principales y confiables sobre un gran número de hogares con una cantidad razonable de esfuerzo en términos de tiempo y recursos.

Diseño del cuestionario

Antes de preparar el cuestionario, es importante saber exactamente la información que se necesita. El objetivo de un cuestionario es recoger la información cuantitativa requerida a través de preguntas estandarizadas cuidadosamente seleccionadas; y un cuestionario bien diseñado es fundamental para garantizar la calidad de los resultados de la encuesta de hogares. Se debería diseñar y estructurar de manera integral con el fin de abarcar las múltiples características de los medios de vida necesarias tanto para el diseño de la intervención de restauración como para el monitoreo de sus impactos.

La plantilla de cuestionario propuesta (en el anexo) contiene un conjunto de preguntas genéricas que se han utilizado en el Proyecto ACD, así como en otros países de la GMV. Se compone de tres secciones o módulos diferentes descritos con más detalles en las siguientes secciones.

SECCIÓN I. **Cuestionario de medios de vida.** Este es el módulo principal del cuestionario y está compuesto de un conjunto de preguntas basadas en los cinco capitales del Marco de los MVS;

SECCIÓN II. **Escala de experiencia de inseguridad alimentaria (FIES).** Este módulo de encuesta es la herramienta estándar desarrollada por la FAO para evaluar la prevalencia de la inseguridad alimentaria moderada o grave en una población;

SECCIÓN III. **Cuestionario de especies de plantas.** Este cuestionario se ha concebido para recopilar información clave sobre los usos de las plantas y las especies preferidas.

En función de los objetivos del cuestionario, no es necesario utilizar todos los módulos al mismo tiempo. Por ejemplo, el cuestionario de especies de plantas se utiliza solo antes de una intervención de restauración, mientras el de la FIES se puede utilizar para evaluar los efectos de la intervención sobre la seguridad alimentaria, a través de una encuesta realizada en dos momentos diferentes (es decir, antes y después de la intervención).

La plantilla del cuestionario se debe adaptar también en función de las características específicas de la región de interés. Las opciones o respuestas deben reflejar el contexto con la mayor precisión posible para evitar el uso de la opción “Otra”.

Por ejemplo, si la pregunta se refiere a las principales especies silvestres, se deben adaptar las opciones o respuestas proporcionando una lista completa de las especies locales conocidas (con nombres locales). En cambio, si una especie no aparece en la lista y se ha seleccionado la opción "Otra" de una lista cerrada, se perderá el nombre de esa especie, ya que los cuestionarios no se analizan de forma individual.

Es importante evitar la superposición entre los módulos, por ejemplo, las preguntas sobre el uso de las plantas también pueden ser parte de la sección de capital natural del cuestionario de medios de vida, mientras las preguntas de la FIES también pueden incluir la sección de capital humano del cuestionario de medios de vida. Es esencial mantener todo el cuestionario lo más sencillo posible y concentrarse principalmente en la información que refleja el propósito de la encuesta.

En el caso de las encuestas de evaluación final (conducidas al final de un proyecto para evaluar los impactos mediante la comparación con la situación de referencia) los cuestionarios deben incluir las mismas preguntas exactas (es decir, de idéntica formulación) que se utilizaron en la situación de referencia, de tal forma que los cambios se puedan evaluar con mayor facilidad. Sin embargo, se puede ampliar la encuesta para proporcionar preguntas adicionales que no se formularon en la evaluación de referencia, por ejemplo, el nivel de participación en el proyecto.

En las encuestas de hogares todas las preguntas son por lo general de tipo cerrado, con los siguientes tipos posibles de respuestas:

Sí/No (variables accesorias)

N°	Preguntas	Respuestas	Códigos
FIES1	Durante los últimos 12 MESES, ¿hubo algún momento en que usted u otros miembros de su hogar se preocuparon por no tener suficientes alimentos debido a falta de dinero o de otros recursos?	☐ No ☐ Sí ☐ No sabe ☐ No ha respondido	0 1 98 99

Números (variables cuantitativas)

N°	Preguntas	Respuestas (= códigos)
LI70	Número de cabezas de ganado que posee el hogar	Vacuno ☐ Caprino ☐ Ovino ☐ Aves de corral ☐

Lista de opciones a seleccionar (variables cualitativas)

N°	Preguntas	Respuestas	Códigos
LI62	Principal fuente de medios de vida del hogar	☐ Agricultura (cultivos básicos) ☐ Ganadería ☐ Pesca ☐ Comercio ☐ Artesanía ☐ Trabajo manual (albañilería, carpintería, mecánica, etc.) ☐ Salario/sueldo ☐ Remesas ☐ Medicina tradicional ☐ Empresa forestal ☐ Horticultura ☐ Otra	1 2 3 4 5 6 7 8 9 10 11 12

El cuestionario de medios de vida

Los medios de vida son sistemas complejos, de múltiples facetas y, por lo tanto, es difícil conceptualizarlos. En vez de comprender la pobreza simplemente como la falta de ingresos, las organizaciones de desarrollo han estado formulando diferentes enfoques de MVS que están inclinados de manera más integral cuando se trata de la mitigación de la pobreza. Uno de los marcos comunes más utilizados es el Marco de los medios de vida sostenibles (Marco de los MVS), diseñado por el Departamento de Desarrollo Internacional (DFID, por sus siglas en inglés) del Reino Unido (DFID, 1999), en particular para los medios de vida de los pobres. Este marco coloca a las personas en un contexto de vulnerabilidad (contextos y condiciones en los sistemas de perfilado de los medios de vida en ambientes externos, tales como, el clima, la ecología o las condiciones macroeconómicas). El Marco de los MVS toma en cuenta los "capitales", es decir, el rango de recursos o activos de producción utilizados y combinados por la población para formular estrategias de medios de vida en este contexto: los capitales humano, social, natural, físico y financiero (Figura 7).

El Marco de los MVS se ha utilizado aquí como punto de referencia para estructurar el cuestionario. En otras palabras, el cuestionario se divide en cinco secciones que corresponden a cada uno de los cinco capitales del Marco, garantizando así que todos ellos estén incluidos en las preguntas. Este módulo se puede utilizar tanto para la evaluación de impacto como para recoger información clave que se utilizará como guía para la intervención de restauración.

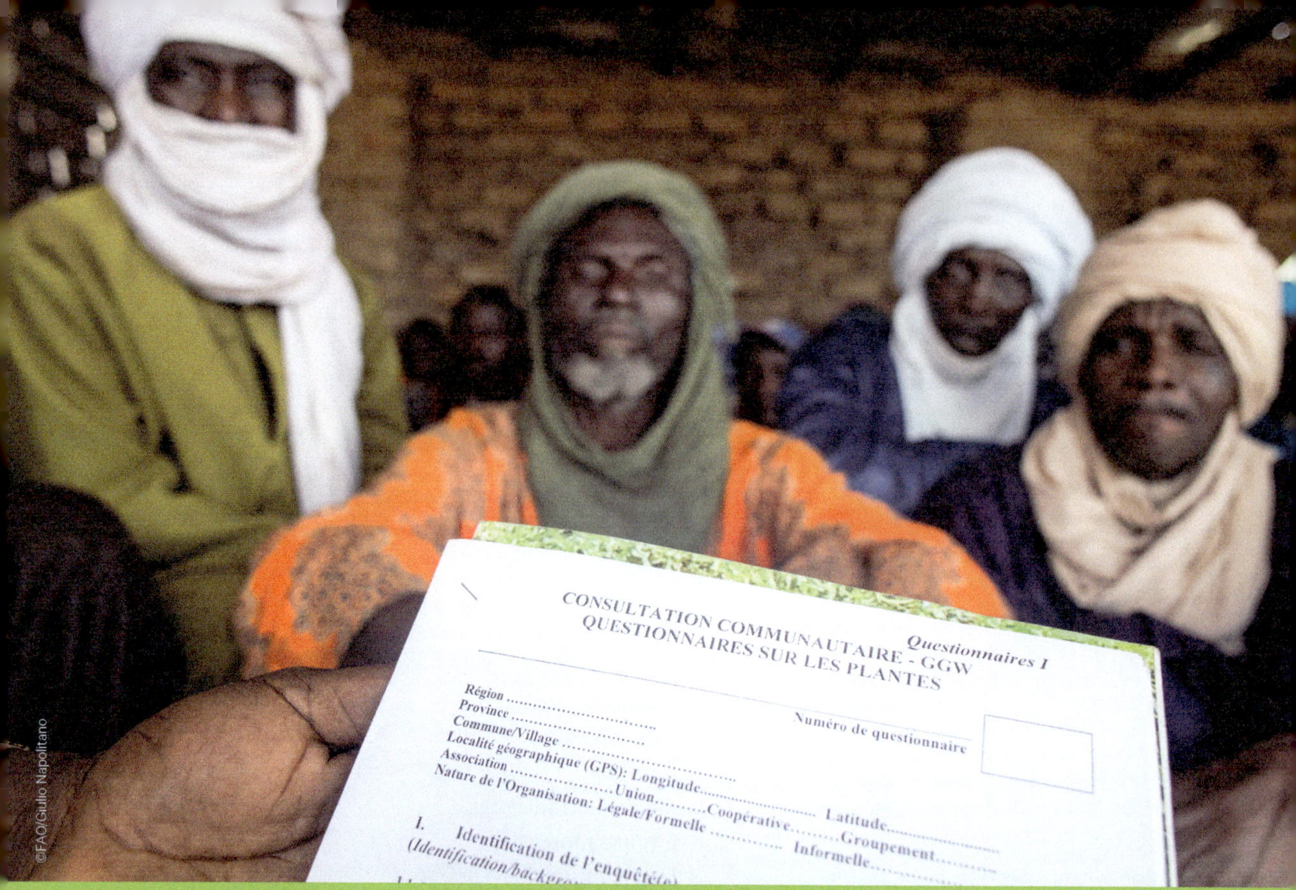

©FAO/Giulio Napolitano

FIGURA 7. Los cinco capitales del Marco de los medios de vida sostenibles

CAPITAL HUMANO
Habilidad, conocimientos capacidad de trabajo y buena salud

CAPITAL SOCIAL
Redes, grupos de interés, relaciones de confianza, reciprocidad e intercambio

CAPITAL FINANCIERO
Ingresos, créditos e inversiones

CAPITAL NATURAL
Existencia de recursos naturales que ofrecen servicios ecosistémicos útiles para los medios de vida

CAPITAL FÍSICO
Infraestructura básica y bienes de producción necesarios para apoyar los medios de vida

RECUADRO 4. Impactos de los proyectos de Acción Contra la Desertificación en los cinco capitales del Marco de los medios de vida sostenibles

Las tierras secas se encuentran entre los ecosistemas más afectados por la degradación ambiental. El Proyecto de **Acción Contra la Desertificación** (ACD) es una iniciativa dirigida por la FAO que ha estado realizando obras de restauración a gran escala en las tierras degradadas de 12 países, 10 de los cuales pertenecen a la Gran Muralla Verde de África, además de Fiji y Haití.

A través de esta iniciativa, la FAO ha puesto las ciencias botánicas al servicio de las comunidades locales y ha puesto en proceso de restauración 53 000 ha de tierras degradadas, sembrando no menos de 25 millones de árboles locales, combinándolos con diversas especies forrajeras y, en consecuencia, ha alcanzado hasta 700 000 personas. Al mismo tiempo, dado que la solución del problema de la degradación de las tierras depende del desarrollo económico, ACD apoya las cinco principales cadenas de valor de los PFNM para mejorar y diversificar la generación de ingresos, comprendidos, el forraje, las semillas para la restauración, la miel, las gomas y resinas, el aceite y jabón de palma datilera, etc.

A fin de incluir plenamente la diversidad y medir sus múltiples tipos de impactos socioeconómicos, la iniciativa utiliza los cinco capitales del Marco de los MVS para estructurar los cuestionarios concebidos para las encuestas de hogares. Algunos ejemplos de los impactos logrados se enumeran a continuación en cada uno de los cinco capitales:

- **Capital humano:** se ha mejorado la seguridad alimentaria, aumentando el pienso (animales), la producción agrícola y los productos forestales; mayor capacidad en diferentes áreas técnicas como la recolección de semillas, la preparación del suelo y las técnicas de restauración, además del desarrollo empresarial;
- **Capital social:** ha crecido la participación de la comunidad a través de la creación de comités de gestión para manejar los sitios restaurados; ha aumentado el empoderamiento de las mujeres a través de la creación de grupos de productoras;
- **Capital natural:** ha aumentado la cubierta vegetal a través de plantaciones de enriquecimiento de especies preferidas de árboles, arbustos y gramináceas de la localidad; ha mejorado la fertilidad del suelo y la calidad del agua, además de la biodiversidad (retorno de especies de flora y fauna silvestres);
- **Capital físico:** hay mayor acceso al agua a través de la instalación de infraestructura hídrica (pozos) para apoyar tanto las actividades de restauración (p.ej., la construcción de viveros) como los medios de vida locales;
- **Capital financiero:** han aumentado los ingresos y la diversificación de las actividades que generan ingresos a través de la venta de PFNM como carne, miel, aceite de palma datilera y muchos otros.

La Escala de experiencia de inseguridad alimentaria (FIES)

Una prevalencia de inseguridad alimentaria grave está aumentando en todas las regiones de África, sobre todo en África occidental y oriental (FAO, FIDA, UNICEF, 2018). La FAO define la **inseguridad alimentaria** como una "situación que se da cuando las personas carecen de acceso seguro a una cantidad suficiente de alimentos inocuos y nutritivos para el crecimiento y desarrollo normales así como para llevar una vida activa y sana". La lucha contra la inseguridad alimentaria, por lo tanto, es un importante objetivo de los proyectos de restauración de las tierras secas en el contexto de la GMV, como Acción Contra la Desertificación. La restauración reduce los efectos de la variabilidad del clima y de los fenómenos climáticos extremos, que están entre las causas principales de las graves crisis alimentarias (FAO, FIDA, UNICEF, 2018). En el Sahel, la restauración puede contribuir a mejorar directa e indirectamente la seguridad alimentaria a través de diferentes medios, entre otros, la mayor disponibilidad de forraje para los animales y la mejor productividad agrícola (a través del aumento de la fertilidad del suelo y la reducción de la erosión del suelo). A largo plazo, los árboles plantados, al alcanzar su madurez, suministran PFNM que se pueden consumir o vender para aumentar los ingresos y, en consecuencia, contribuir ulteriormente a la seguridad alimentaria. En este contexto, el seguimiento de los cambios y las tendencias en los niveles de inseguridad alimentaria en el tiempo tiene un papel esencial en la evaluación del éxito de una intervención de restauración.

En 2014, la FAO desarrolló una nueva herramienta mundial llamada Escala de experiencia de inseguridad alimentaria (FIES)[2] que puede recoger información de manera rápida y fidedigna sobre el acceso de las personas a una alimentación adecuada, por medio de ocho preguntas sencillas (Cuadro 4). Su principal ventaja es la fácil aplicación e integración en las encuestas de hogares, junto con otras preguntas relacionadas. De hecho, la FIES se está utilizando cada día más en los países de todo el mundo con el objetivo de informar sobre el indicador 2.1.2 de los Objetivos de Desarrollo Sostenible (ODS), es decir, la prevalencia de inseguridad alimentaria moderada o grave en la población, según la FIES.

Se propone incorporar esta herramienta en nuestro enfoque, integrando la breve serie de preguntas en el cuestionario de hogares, sin cambiarlo y sin modificar su orden, además de mantener el período recordatorio de 12 meses. La decisión de dicho período es de importancia fundamental en el Sahel y otras regiones donde los cambios estacionales (es decir, estaciones húmedas *vs.* secas) afectan fuertemente la disponibilidad de alimentos y la seguridad alimentaria. Por tanto, un período de referencia de 12 meses permite medir el "acceso seguro a una cantidad suficiente de alimentos inocuos y nutritivos durante todo el año" (Meta 2.1 del ODS) según las estimaciones internacionalmente comparables.

Dependiendo del contexto, también se pueden utilizar otros módulos de encuesta que consisten en una serie de preguntas relacionadas con el acceso de las personas a una alimentación adecuada como la Escala del componente de acceso de la inseguridad alimentaria en el hogar (HFIAS, por sus siglas en inglés). Ambos módulos, FIES y HFIAS, se basan en el mismo concepto subyacente de la inseguridad alimentaria y están compuestos de conjuntos muy similares de preguntas. Sin embargo, la HFIAS se basa en un período recordatorio de cuatro semanas en vez de 12 meses y, además, incluye un subconjunto de preguntas de "frecuencia de ocurrencia". Por lo tanto, la HFIAS puede detectar los cambios menores en la inseguridad alimentaria, así como los cambios que se producen en situaciones de más rápida evolución.

---

2 http://www.fao.org/in-action/voices-of-the-hungry/usando-la-fies/es/.

CUADRO 4. Módulo de encuesta de la Escala de experiencia de inseguridad alimentaria

Etiqueta estándar	Formulación de la pregunta
Ahora me gustaría hacerle algunas preguntas relacionadas a la alimentación. Durante los últimos 12 MESES, ha habido algún momento en que:	
1. WORRIED	¿Usted u otra persona en su hogar se haya preocupado por no tener suficientes alimentos para comer por falta de dinero u otros recursos?
2. HEALTHY	Pensando aún en los últimos 12 meses, ¿hubo alguna vez en que usted u otra persona en su hogarno haya podido comer alimentos saludables y nutritivos por falta de dinero u otros recursos?
3. FEWFOODS	¿Hubo alguna vez en que usted u otra persona en su hogar haya comido poca variedad de alimentos por falta de dinero u otros recursos?
4. SKIPPED	¿Hubo alguna vez en que usted u otra persona en su hogar haya tenido que dejar de desayunar, almorzar o cenar porque no había suficiente dinero u otros recursos para obtener alimentos?
5. ATELESS	Pensando aún en los últimos 12 meses, ¿hubo alguna vez en que usted u otra persona en su hogarhaya comido menos de lo que pensaba que debía comer por falta de dinero u otros recursos?
6. RANOUT	¿Hubo alguna vez en que su hogar se haya quedado sin alimentos por falta de dinero u otros recursos?
7. HUNGRY	¿Hubo alguna vez en que usted u otra persona en su hogarhaya sentido hambre pero no comió porque no había suficiente dinero u otros recursos para obtener alimentos?
8. WHOLEDAY	¿Hubo alguna vez en que usted u otra persona en su hogarhaya dejado de comer todo un día por falta de dinero u otros recursos?

El cuestionario de especies de plantas

La información sobre el uso tradicional de las plantas y el manejo de la tierra es fundamental para conocer mejor las necesidades de la comunidad en términos de restauración. Un factor clave del éxito del enfoque utilizado por el Proyecto ACD para la restauración a gran escala es que las comunidades mismas determinan las especies (de árboles, arbustos y gramináceas) que se utilizarán durante la restauración, en base a los objetivos que se han de alcanzar con dichas especies.

Ya que dicho conocimiento ecológico tradicional está a menudo poco documentado, los cuestionarios de las encuestas de hogares son un método eficaz (si no el único) para recopilar información como la principal especie utilizada por los hogares, la recolección de plantas, los productos de origen vegetal, el estado de conservación de las plantas o las restricciones relacionadas a la recolección de las plantas. Una vez que se han identificado las especies preferidas, los miembros de la comunidad realizan un ejercicio de priorización de acuerdo a los objetivos de la restauración (a menudo, sus estilos de vida, aspiraciones de bienestar y oportunidades para generar ingresos de su entorno).

Se propone incluir el cuestionario sobre las especies de plantas en la encuesta de hogares, es decir, junto con el cuestionario de encuesta socioeconómica de la situación de referencia utilizado antes de dar inicio a la intervención.

El módulo se divide en cuatro secciones:

- la identificación de las principales especies y partes de plantas utilizadas: esta sección ayuda a identificar las especies más importantes que se utilizan para diferentes fines (alimento, pienso, medicamento/salud humana, sanidad animal, colorantes, apicultura, etc.), así como su clasificación por preferencias que, a su vez, puede ayudar a seleccionar las posibles especies para la restauración;
- la utilización de productos de origen vegetal: esta sección recoge información sobre cómo se utilizan las plantas, comprendidos los productos hechos y la forma en que se utilizan o se venden;
- reglamentos sobre el aprovechamiento de las plantas: en esta sección se identifica el marco reglamentario en materia de utilización de las plantas;
- apoyo, colaboraciones y limitaciones: esta sección recopila información sobre las redes, grupos y asociaciones en relación con el uso de las plantas en las que el hogar participa.

Prueba del cuestionario

Una vez que se haya completado un borrador del cuestionario y se haya traducido a los idiomas locales (en su caso), este se debería probar previamente para asegurar que tanto los encuestadores como los encuestados entienden completamente cada una de las preguntas y respuestas. Lo ideal sería probar el cuestionario con un pequeño grupo de encuestados y se deberían verificar todas las preguntas y respuestas de antemano para evaluar su claridad y coherencia. De esta forma, los encuestadores tendrían la oportunidad de practicar la conducción del cuestionario. En su caso, se debe revisar el cuestionario después de la prueba. Es importante asegurarse de que:

- las opciones de respuesta son relevantes y lo más completas posible;
- cada respuesta tiene un único identificador/número de serie;
- el lenguaje utilizado es sencillo, es fácil entender las preguntas;
- el cuestionario se ha traducido (y probado) en los idiomas apropiados.

CUADRO 5. Errores comunes al diseñar un cuestionario de encuesta y cómo superarlos

ERRORES COMUNES	CÓMO SUPERARLOS
Preguntas complicadas o de difícil comprensión	Use siempre un lenguaje sencillo
Preguntas repetitivas	Seleccione solo las preguntas más importantes
Cuestionarios demasiado largos	Redúzcalos borrando algunas preguntas
Lista de respuestas no exhaustiva	Revise la lista de opciones
Período recordatorio poco claro	Las preguntas deberían estar definidas con un período recordatorio claro y ser lo más breve posibles

9 La definición de una estrategia de muestreo

El objetivo de las encuestas de hogares es obtener información socioeconómica en una población determinada, por ejemplo, las personas que viven dentro de la zona objetivo de un proyecto. Sin embargo, las poblaciones por lo general son demasiado extensas para que sea posible aplicar el cuestionario a todos los hogares de manera eficiente. Se puede obtener información fidedigna mediante el uso de una población de muestreo, lo que permite llevar a cabo la encuesta en un número de hogares relativamente limitado.

Una muestra es “una colección más pequeña de unidades de una población utilizada para determinar verdades acerca de esa población” (Field, 2005). Al planificar una encuesta de hogares, una de las tareas principales es seleccionar el número de hogares que se deben entrevistar y dónde encontrarlos. Un buen diseño de muestreo produce buena representatividad y consistencia en los resultados, es decir, facilita la formulación de conclusiones sobre la condición socioeconómica de toda la población a partir de los resultados recogidos en los hogares de muestreo.

El diseño de la estrategia de muestreo es un proceso de tres pasos. En primer lugar, es esencial conocer el tamaño de la población de interés. En segundo lugar, se determina el tamaño ideal de la muestra identificando el número mínimo de hogares que permite una generalización de los resultados de la encuesta. El tercero y último paso es decidir la metodología a seguir durante la selección de los hogares de muestreo. Este último paso tiene que ver con las limitaciones de tiempo y de fondos, y están disponibles varias opciones también con diferentes grados de confiabilidad.

Definición de población de interés

Por “población de interés” se entiende el número total de familias que viven en la zona objetivo del proyecto que, en general, se toma en consideración. Ya que las estadísticas nacionales y regionales sobre la población normalmente se expresan como el número de personas que viven en la zona, este número tiene que dividirse por el tamaño promedio de un hogar, siempre que se conozca este dato en el ámbito nacional.

A fin de proceder con la estrategia de muestreo, se aconseja desglosar las cifras sobre la población en la escala más pequeña disponible. Esto significa que la información ideal de la estrategia de muestreo durante esta etapa incluye, tanto como sea posible, lo siguiente:

- el número de hogares que viven en la región o regiones afectadas por el proyecto;
- el número de hogares que viven en el municipio o municipios afectados por el proyecto;
- el número de hogares que viven en cada uno de los poblados afectados por el proyecto.

Determinación del tamaño de la muestra

En base al tamaño de la población que vive en la zona del proyecto, se puede determinar el número de hogares que constituirán la muestra para la encuesta a través de calculadoras automáticas disponibles en línea (p.ej., www.raosoft.com/samplesize.html). A fin de proporcionar al usuario el tamaño mínimo de la muestra, estas calculadoras necesitan los tres siguientes elementos de información:

- el **tamaño de la población,** calculado en la primera fase de la estrategia de muestreo y expresado como el número total de hogares que viven en la zona afectada por el proyecto;
- el **nivel de confianza deseado**, es decir la cantidad de incertidumbre que puede tolerarse al generalizar los resultados de la encuesta a toda la población; este nivel se establece normalmente en 95 por ciento, si bien se puede establecer en 90 y 99 por ciento; naturalmente, un nivel de confianza superior requiere una muestra más grande y produce una mayor confiabilidad de los resultados recogidos a través de la encuesta;
- el **margen de error**, es decir, la cantidad de error que puede tolerarse al generalizar los resultados de la encuesta; este margen se establece generalmente en cinco por ciento, pero se pueden utilizar márgenes inferiores cuando se necesita una mayor precisión de los resultados; sin embargo, al disminuir el margen de error, aumenta considerablemente el número mínimo de los hogares que serán encuestados.

Cuando la población es más bien pequeña (menos de 5 000 hogares), el tamaño de la muestra es proporcionalmente mayor que en el caso de poblaciones extensas (Cuadro 6). En general, para cualquier población extensa compuesta de más de 5 000 hogares y un nivel de confianza del 95 por ciento, el tamaño de la muestra se mantiene relativamente constante en unas 400 unidades, aproximadamente.

CUADRO 6. Tamaño de la muestra para diferentes poblaciones (margen de error = 5%)

Población (tamaño)	Nivel de confianza (90%)	Nivel de confianza (95%)	Nivel de confianza (99%)
2 000 hogares	**239** (11.9% del total)	**323** (16.1% del total)	**499** (24.9% del total)
5 000 hogares	**257** (5.1% del total)	**357** (7.1% del total)	**586** (11.7% del total)
10 000 hogares	**264** (2.6% del total)	**370** (3.7% del total)	**623** (6.2% del total)
50 000 hogares	**270** (0.5% del total)	**382** (0.8% del total)	**655** (1.3% del total)
200 000 hogares	**271** (0.1% del total)	**384** (0.2% del total)	**662** (0.3% del total)

El tamaño calculado de la muestra corresponde al número mínimo de los hogares que se debe encuestar. Sin embargo, inevitablemente, algunos hogares podrían no completar el cuestionario de manera correcta, o podrían suministrar datos no fidedignos que se deben eliminar de la base de datos durante la fase de codificación o depuración. Para asegurarse de que siempre se logre el tamaño recomendado de la muestra, el tamaño final de la muestra por lo general se aumenta en un 10 por ciento con respecto al número de observaciones sugeridas por la calculadora.

Definición de la metodología de muestreo

Después de determinarse el tamaño de la muestra, el último paso de la estrategia de muestreo es definir la metodología seleccionando los hogares que se encuestarán. Este ejercicio debe basarse en los datos disponibles del censo, es decir, el total de la población (hogares) desglosado por municipio o poblado y, si es posible, la lista de las familias que viven en cada poblado. Cuando ya se dispone de esta información, hay varios métodos para seleccionar los hogares de la muestra. Las opciones más fidedignas son las que aseguran que la muestra es estadísticamente representativa de la población total.

Para seleccionar una muestra representativa, se debe utilizar un criterio probabilístico a fin de garantizar que todos los hogares de la población tengan la misma oportunidad de ser seleccionados. Esto se puede lograr en base a los tres siguientes métodos:

- a partir de una lista de todos los hogares que pertenecen a la población, y la mejor opción es seleccionar las observaciones al azar. Para este fin, se asigna a cada hogar un código numérico y se puede utilizar un generador de números aleatorios a fin de identificar los códigos correspondientes a los hogares de la muestra. Por ejemplo, se puede utilizar la función de Microsoft Excel "ALEATORIO. ENTRE" para generar una lista de números aleatorios entre un mínimo (por lo general 1, es decir, el código asignado al primer hogar de la lista) y un máximo (igual al número total de hogares de la población). En caso contrario, hay una amplia disponibilidad en línea de generadores de números aleatorios (p.ej., www.random.org). Este método se conoce como **muestreo aleatorio**;
- otra opción es adoptar un método de **muestreo sistemático**. En este caso, se selecciona al azar el primer hogar de la muestra y a continuación se establece un intervalo fijo (k) y se seleccionan todos los hogares del intervalo "k" de la lista; este intervalo será más o menos igual a la relación entre la población y la muestra (p.ej., si la población es de 5 000 hogares y las unidades de muestreo son 500, el intervalo ideal es 10);
- cuando la población de la zona del proyecto se divide en varios subgrupos, por ejemplo, por municipio o poblado, la mejor opción podría ser adoptar un **muestreo estratificado**. Primero se selecciona al azar un número limitado de subgrupos que serán encuestados, por ejemplo de poblados, y después se determina el número de hogares que se encuestará en cada poblado en proporción al número total de habitantes. Para garantizar la representatividad de la muestra final, los hogares encuestados en cada poblado se seleccionan siempre al azar o de manera sistemática. Este método es probablemente más exigente en la fase de planificación, pero puede ofrecer un enorme ahorro de tiempo y recursos durante la conducción de la encuesta, especialmente cuando hay muchos poblados dispersos en la zona del proyecto.

Otros métodos de muestreo no están en grado de ofrecer una muestra representativa para la encuesta y, por lo tanto, solo se utilizan cuando las opciones más preferibles no están disponibles. En concreto, cuando no se dispone de listas de hogares en las zonas afectadas por los proyectos, se recomienda aplicar al menos una selección aleatoria de los poblados.

Por consiguiente, la decisión de la estrategia de muestreo depende enormemente del contexto. En el Proyecto ACD, todos los países han optado por un método que se adapta mejor a las características específicas de las zonas del proyecto. Siempre y cuando el muestreo asegure la representatividad estadística, los resultados de la encuesta se pueden comparar entre los diferentes países.

FAMILIA PASTORAL
EN TERA (NÍGER)

©FAO/Giulio Napolitano

10 La realización de la encuesta

Durante la conducción del cuestionario, el papel de los encuestadores o entrevistadores es crucial. Ellos realizan la encuesta en los hogares y por lo tanto son los principales responsables de la calidad de los datos recogidos.

Planificación de la encuesta y contratación de encuestadores

Las encuestas de campo se deben planificar con mucha antelación ya que pueden tomar mucho tiempo. Veamos, por ejemplo, un cuestionario con 60 preguntas que podría requerir hasta 90 minutos para ser realizado. El encuestador podría cubrir unos cinco hogares por día. Si el tamaño de la muestra es de 400 hogares (un tamaño aceptable para cualquier población por encima de pocos miles de hogares) se necesitarían 80 días de trabajo, es decir, 16 días completos para un equipo de cinco encuestadores. Se debe también prever tiempo adicional para probar el cuestionario, capacitar a los encuestadores, obtener los permisos necesarios (p.ej., de los jefes de aldea), sensibilizar a las comunidades sobre el objetivo de la encuesta, así como el transporte desde y hacia las zonas (a veces remotas) donde se encuentran los hogares de muestreo.

El equipo de encuestadores no debe ser demasiado grande ya que, cuanto mayor es, más alto será el riesgo de variabilidad de los resultados. Aunque es preferible contratar encuestadores profesionales capacitados o con experiencia, no siempre es necesario. Por ejemplo, se puede contratar a estudiantes universitarios como encuestadores, siempre y cuando sean capaces de comunicarse con los encuestados en el idioma local y estén familiarizados con la metodología y el cuestionario que se utiliza. Una buena comprensión del entorno cultural local es esencial, así como la capacidad informática básica para codificar los datos (p.ej., con Microsoft Excel).

Una capacitación completa de los encuestadores es fundamental para el éxito de la encuesta. Ellos deben ser capaces de comunicar con claridad cada pregunta y deben respetar las normas administrativas requeridas durante la encuesta. La prueba previa del cuestionario con los enumeradores en situaciones reales les permite practicar y recibir retroalimentación antes de comenzar la encuesta.

Implementación de la encuesta

El trabajo de los encuestadores se debe supervisar y coordinar de cerca. La persona encargada de la evaluación es responsable del trabajo realizado por los encuestadores y se espera que compruebe que el esquema de muestreo coincida con el planificado para la encuesta, de lo contrario los resultados podrían perder su validez estadística. Los encuestadores podrían tender a elegir los hogares más accesibles en vez de seguir estrictamente el esquema de muestreo (en otras palabras, la conveniencia en lugar del muestreo probabilístico).

Un hogar se puede definir de diferentes maneras, dependiendo del contexto cultural. Por lo general se define como un grupo de personas que viven bajo el mismo techo y comparten la misma fuente de alimentación.

Sin embargo, dependiendo de la definición aplicada, la composición del hogar puede cambiar, incluyendo o excluyendo algunas personas. Por tanto, es importante que la definición sea coherente a lo largo de la encuesta propiamente dicha y, si es posible, durante las otras encuestas que se realizan a nivel nacional. La persona entrevistada debe ser el jefe de familia, o alguien en nombre de la familia que conozca muy bien la situación del hogar.

Se recomienda a los encuestadores que siempre comiencen la entrevista presentándose a sí mismos, la organización o proyecto que representan y expliquen brevemente el objetivo de la encuesta. En algunas zonas que han participado anteriormente en estudios similares, los encuestados pueden expresar la "fatiga de encuesta" o sentirse desilusionados por otras intervenciones en las que no se han cumplido sus expectativas. Si el jefe de la familia no quiere responder, el encuestador no debe insistir.

CUADRO 7. Consejos prácticos para realizar entrevistas de hogares

LO QUE NO SE DEBE HACER	LO QUE SE DEBE HACER
Expresar comentarios u opiniones, sugerir las respuestas o cualquier otra cosa que podría influir en las respuestas	Mantener una posición neutra con los encuestados
Modificar las preguntas o cambiar el orden	Administrar todas las preguntas en el orden del cuestionario, sin cambiarlo
Dejar que el entrevistado lea el cuestionario	Leer bien las preguntas, repetir si es necesario y asegurarse de que el encuestado comprenda cada pregunta
Comunicar los resultados de la encuesta, o cualquier información relativa al proyecto que podría crear expectativas	Al finalizar la encuesta, agradecer al encuestado y marcharse

11 La codificación y el análisis de los datos

Codificar significa llenar una matriz de datos con la información recogida por los cuestionarios. Una vez completados los datos pertinentes, se pueden comprobar y depurar antes de analizarlos con ayuda de herramientas estadísticas y de presentarlos en gráficos.

Compilación de la matriz de datos

Una ventaja importante de las preguntas cerradas es que las respuestas se pueden codificar fácilmente y compilar en una matriz de datos. De ser posible, los encuestadores deben compilar los resultados en la matriz inmediatamente después de la encuesta diaria (es decir, esa misma tarde) para reducir el riesgo de errores, solucionar los problemas en el cuestionario y evitar tener que codificar todos los cuestionarios al mismo tiempo. Las reglas de codificación utilizadas siempre deben ser coherentes con el cuestionario. Se sugieren las siguientes:

- para las variables accesorias, "SÍ" generalmente se codifica con 1 y "NO" se codifica con 0;
- para las variables cuantitativas, los números no necesitan codificación, se compila la cifra como tal en la matriz;
- para las variables cualitativas, las opciones pueden ser codificadas con números consecutivos;
- las respuestas N/A y N/R se pueden codificar con valores predeterminados y fácilmente reconocibles como 99 ("N/A" o "no quiso responder"), 98 ("no sabe");

En la matriz, los datos recogidos en un hogar encuestado se compilan en la misma fila; para cada pregunta, el código se pone en una columna. La matriz final tendrá N filas y K columnas:

- "N" es el número de los hogares encuestados;
- "K" es el número de las preguntas administradas.

Durante la compilación de los datos se debe tener mucho cuidado de no agregar espacios o puntuaciones en las celdas de la matriz, junto con las respuestas codificadas; estos pequeños errores pueden causar diversas complicaciones durante el posterior análisis estadístico de los datos.

Después de la codificación de cada cuestionario, se deberían revisar minuciosamente los errores tipográficos y de codificación para asegurarse de que los códigos introducidos en la matriz corresponden exactamente a las respuestas del encuestado. Esto se hace generalmente revisando la base de datos columna por columna en búsqueda de entradas no válidas. Por ejemplo, si una pregunta específica solo permite los códigos 1, 0 y 98, y se detecta un valor diferente en la columna correspondiente (p.ej., 2 o 99), es necesario volver a controlar el hogar relevante (copia en papel) para corregir la entrada incorrecta en la matriz. Las copias impresas del cuestionario deben guardarse de forma segura, incluso después de que los datos hayan sido codificados en la matriz.

Análisis de los datos

Después de que la matriz ha sido depurada, se puede realizar un análisis descriptivo. El objetivo de este análisis es resumir la gran cantidad de información para describir mejor los datos. La forma más fácil de actuar frente a la falta de valores es simplemente excluir del análisis las observaciones con valores faltantes, si bien el *software* estadístico podría calcularlos (con la media, o por inferencia). En el análisis descriptivo de los datos se debe siempre determinar el porcentaje de valores que faltan para cada variable. Si una variable muestra muchos valores faltantes, se puede establecer un umbral (p.ej., 5 o 15%) para excluir del análisis todas las variables que tienen valores faltantes por encima de este umbral.

Para las **variables accesorias y cualitativas**, se pueden diseñar cuadros que contengan las cifras de cada opción, así como gráficos circulares o histogramas que muestren la cuota de respuestas para cada opción. Por ejemplo, en la siguiente pregunta:

N°	Preguntas	Respuestas	Códigos
LI62	Principal fuente de medios de vida del hogar	☐ Agricultura (cultivos básicos)	1
		☐ Ganadería	2
		☐ Pesca	3
		☐ Comercio	4
		☐ Trabajo manual (albañilería, carpintería, mecánica, etc.)	5
		☐ Salario/sueldo	6
		☐ Remesas	7
		☐ Medicina tradicional	8

Un cálculo sencillo de los porcentajes de los encuestados que seleccionan cada una de las respectivas opciones permite la producción del siguiente gráfico:

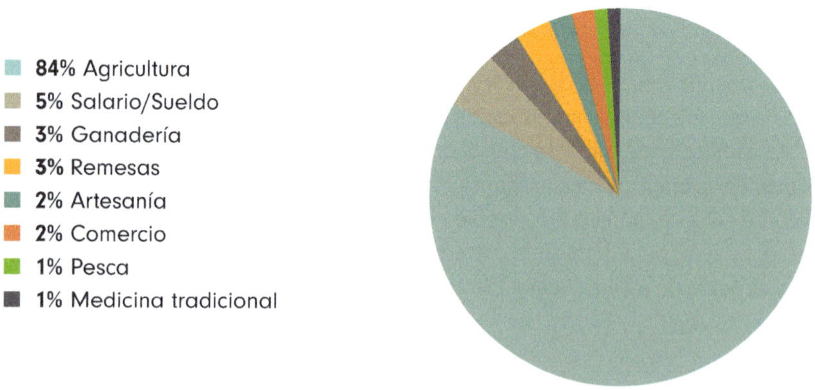

En caso de **variables cuantitativas**, se pueden realizar estadísticas descriptivas básicas (valor promedio, mediana, desviación estándar). Véase el siguiente ejemplo de pregunta:

N°	Questions	Réponses (=codes)
LI70	Número de cabezas de ganado que posee el hogar	Vacuno ☐ Caprino ☐ Ovino ☐ Aves de corral ☐

Las respuestas codificadas tal como se presentan en la siguiente matriz permiten calcular fácilmente el número promedio de vacas, cabras, ovejas y aves de corral por hogar, así como las desviaciones estándar.

	LI70 (1)	LI70 (2)	LI70 (3)	LI70 (4)
Hogar 1	5	6	0	20
Hogar 2	1	2	2	10
Hogar 3	1	25	1	25
Hogar 4	7	5	7	10
Hogar 5	2	1	1	1
Hogar 6	2	3	0	0
Media (± desviación estándar)	**3.00 (± 2.45)**	**7.00 (± 9.01)**	**1.83 (± 2.64)**	**11.00 (± 10.00)**

Una vez que los datos se han descrito adecuadamente, se pueden realizar elaboraciones estadísticas a través de un *software* estadístico. La razón de ser de estas elaboraciones puede guiarse por una o más de las siguientes preguntas.

→ ¿Hay una diferencia estadísticamente significativa entre los dos grupos de hogares con respecto a una o más variables?

Esto puede ser relevante para una exploración más profunda de los datos de la encuesta o para probar si la situación socioeconómica de los hogares ha mejorado después de la ejecución del proyecto. Por ejemplo, podría ser interesante estudiar si existe una percepción diferente de la seguridad alimentaria de los hogares encuestados en dos regiones diferentes de un país; en este caso, se calcularían las puntuaciones promedio de la FIES para los dos grupos de hogares, y se probaría la diferencia entre ellos para su relevancia estadística a través de pruebas t.

→ ¿Existe una relación entre los resultados obtenidos bajo las diferentes preguntas?

En este caso, por ejemplo, puede ser relevante investigar si el nivel de un determinado activo (de los cinco del Marco de los MVS) se relaciona con el de los demás. Esta elaboración se puede hacer a través de un análisis de correlación cuando las variables en cuestión son numéricas, mientras los análisis ji-cuadrado y de correspondencia se utilizarán para las variables categóricas.

→ ¿Cuáles son los factores que explican el nivel de una determinada variable?

Un análisis de regresión puede usarse para estudiar el grado hasta el cual uno o más factores pueden explicar el valor de una determinada variable a través de las observaciones, y el efecto de cada uno de estos factores en la observación. Por ejemplo, puede ser relevante estudiar hasta qué grado el nivel de los activos de los medios de vida es capaz de influir en la adopción de una práctica mejorada de manejo de la tierra por los hogares (Ceci *et al.*, 2018). Los resultados del análisis de regresión ayudan a comprender: i) el grado hasta el cual todos los factores juntos pueden explicar la adopción de la práctica mejorada; ii) si la influencia de cada activo del medio de vida es positiva o negativa (es decir, aumenta o disminuye la adopción de la práctica); iii) la magnitud del efecto de cada factor.

Indicadores de seguridad alimentaria

Si se ha utilizado el módulo de la FIES en el cuestionario, se pueden tratar las respuestas para calcular indicadores específicos relacionados con la seguridad alimentaria[3]. Los ocho elementos se deben analizar en conjunto como una escala y no por separado.

→ Se puede calcular una puntuación bruta agregando las respuestas afirmativas dadas a las ocho preguntas de las FIES. La calificación es un número entre cero y ocho, como indicador de la intensidad de la inseguridad alimentaria donde las puntuaciones brutas inferiores corresponden al menor grado de inseguridad alimentaria. La media ponderada de las puntuaciones representa la prevalencia de la inseguridad alimentaria en la población.

Se puede asignar a los encuestados una clase de inseguridad alimentaria en función de un umbral de gravedad: NO HA COMIDO (P5) y TODO EL DÍA (P8) que, respectivamente, definen las clases de inseguridad alimentaria moderada y grave.

Las personas que experimentan niveles moderados de inseguridad alimentaria normalmente comen dietas de baja calidad y podrían también haberse visto obligadas, en algún momento durante el año, a reducir la cantidad

[3] Ulteriores directrices sobre cómo analizar los datos FIES disponibles en: http://www.fao.org/3/a-i7835e.pdf.

de alimentos que normalmente consumen; mientras las que experimentan niveles graves habrían pasado días enteros sin alimentarse, debido a la falta de dinero o de otros recursos para adquirir los alimentos.

Dos indicadores basados en la FIES se pueden utilizar para fines de seguimiento nacional y mundial:

- $FI_{mod+sev}$ es la proporción de la población que experimenta inseguridad alimentaria moderada o grave (indicador 2.1.2 de los ODS);
- FI_{sev} es la proporción de la población que experimenta inseguridad alimentaria grave.

Durante la interpretación de los resultados obtenidos a través de la evaluación de la FIES, se debe recordar siempre que esta herramienta informa sobre la percepción que tiene el encuestado del nivel de seguridad alimentaria de su familia y que podría ser diferente del nivel real de seguridad alimentaria. Sin embargo, una evaluación completa requeriría herramientas mucho más complicadas que implican un informe completo de las comidas consumidas por una familia en un período de tiempo determinado. La escala de la FIES se considera una aproximación suficiente del nivel de seguridad alimentaria de los hogares encuestados en el contexto de los proyectos de restauración a gran escala.

Redacción del informe

El informe socioeconómico es un resumen del análisis que se ha llevado a cabo y presenta las principales conclusiones. El informe debería presentar brevemente las actividades del proyecto o cualquier intervención en la que toma parte, así como los objetivos del estudio (de la situación de referencia o final para la evaluación del impacto socioeconómico, estudio temático, etc.) y la metodología utilizada, desde el diseño hasta el análisis, proporcionando la mayor cantidad posible de detalles. Se deberían proporcionar cuadros y/o figuras que respondan específicamente a las preguntas planteadas. También se pueden utilizar datos secundarios, incluyendo cualesquiera fuentes pertinentes y fidedignas de información y estadísticas disponibles para ayudar a entender el contexto socioeconómico y completar los resultados de la evaluación en la región de interés. Es importante tener en cuenta la necesidad de analizar los datos de acuerdo con la información requerida, y no lo contrario.

En el caso de la evaluación de impacto, todos los impactos se deben entender completamente. Si se observan cambios (p.ej., al comparar los valores de los indicadores de la situación de referencia con los de la situación final) se debe identificar la relación causal entre ellos y las actividades del proyecto. Las siguientes preguntas pueden servir de guía para la evaluación de impacto:

- *¿Cuáles son los cambios que se han producido?*
- *¿Qué tan importantes son?*
- *¿Quién ha sido el más/menos afectado por ellos?*
- *¿Cómo se produjeron?*
- *Y lo más importante, ¿son el resultado de las actividades del proyecto o de factores externos?*

RECOLECCIÓN DE SEMILLAS DE *Leptadenia hastata*, PROYECTO ACD, TÉRA (NÍGER)

Conclusiones

Ante la creciente amenaza del cambio climático, la desertificación exige una respuesta que tiene una urgencia sin precedentes. Si bien ya existen técnicas tradicionales para mejorar la fertilidad del suelo, y pueden restaurar eficazmente las tierras degradadas, estas ya no pueden ser la única respuesta ante el volumen de restauración requerido a nivel mundial. La restauración activa en el terreno, que es el tipo de modelo presentado en este manual, es una solución basada en las plantas, necesaria para incrementar y acelerar la restauración de las tierras degradadas de los países del Sahel y la Gran Muralla Verde, y más allá.

La sostenibilidad se logra a través de la apropiación del proceso de restauración por las comunidades locales y su participación en el diseño, implementación y seguimiento del proceso de restauración. Al mismo tiempo, es necesario integrar los conocimientos técnicos en los sistemas, instituciones y procesos locales y tradicionales. En consecuencia, el modelo técnico presentado en la primera parte de esta publicación se debe aplicar junto con un enfoque participativo basado en medios de vida y usos de las plantas fáciles de comprender, posicionando en su centro de acción a las organizaciones comunitarias (tales como los comités de gestión comunitaria) para garantizar el éxito tanto desde el punto de vista ecológico como del desarrollo a largo plazo.

Esta obra se basa principalmente en las enseñanzas aprendidas y en los resultados de la implementación sobre el terreno del trabajo de restauración a gran escala con las comunidades rurales y los científicos botánicos. Durante un período de cinco años, la Acción Contra la Desertificación, de la FAO, ha puesto en restauración 53 000 hectáreas de tierras degradadas, sembrando 25 millones de árboles autóctonos bien adaptados, combinándolos con diferentes especies de gramináceas y captando la participación de hasta 700 000 personas. Sin duda alguna, un enfoque que pone a las comunidades en el corazón de la restauración y proporciona apoyo a través de conocimientos botánicos, ofrece múltiples beneficios ecológicos y socioeconómicos que contribuyen a la consecución de los objetivos de la Agenda 2030 para el Desarrollo Sostenible. Este enfoque se ha convertido en un poderoso instrumento que impulsa el desarrollo de las comunidades de las tierras secas. Obviamente, su principal campo de acción es la región central de la Gran Muralla Verde, pero también se utiliza en otras regiones como el Caribe y el Pacífico, en el marco del Proyecto de Acción Contra la Desertificación.

La Década de las Naciones Unidas para la Restauración de Ecosistemas (2021-2030) demuestra que la restauración se ha incluido entre los puntos prioritarios de la agenda internacional. Mientras abundan las promesas ante las iniciativas mundiales de restauración, cada vez es más claro que aún deben realizarse esfuerzos de restauración para llegar a las comunidades rurales que viven en ecosistemas frágiles, ¡donde es más importante! El augurio es que el presente manual apoye y sirva para lograr el doble objetivo de consolidar las operaciones biofísicas y las evaluaciones socioeconómicas de las restauraciones a gran escala en las acciones contra la desertificación.

Anexo 1

Principales especies utilizadas para la restauración por las comunidades de la Gran Muralla Verde y características de sus semillas

Especie (taxón)	Forma de vida	Mes de recolección	Peso de 1 000 semillas (g)	Respuesta de germinación (%)
Alysicarpus ovalifolius	graminácea	10		
Andropogon gayanus	graminácea	11		
Andropogon pseudapricus	graminácea	10		
Aristida mustabilis	graminácea	9	0.65	94
Brachiaria ramosa	graminácea	10	0.77	
Cenchrus biflorus	graminácea	10	1.73	35
Chloris pilosa	graminácea	10		
Chrozophoro senegalensis	graminácea	5		
Crotalaria macrocalyx	graminácea	12	3.31	100
Cymbopogon giganteus	graminácea	12	1.44	56
Cymbopogon schoenamthus	graminácea	8		
Dactyloctenium aegyptium	graminácea	10		
Digitaria exilis	graminácea	8		
Eragrostis tremula	graminácea	11	0.06	75
Leptadenia hastata	graminácea	3		
Panicum laetum	graminácea	11	1.1	20
Pennisetum pedicellatum	graminácea	11	0.98	100
Schoenefeldia gracilis	graminácea	9		
Senna occidentalis	graminácea	1		
Senna tora	graminácea	11		
Stylosanthes hamata	graminácea			
Stylosanthes fruticosa	graminácea	2	2.26	
Zornia glochidiata	graminácea	10	1.65	55

Especie (taxón)	Forma de vida	Mes de recolección	Peso de 1 000 semillas (g)	Respuesta de germinación (%)
Acacia nilotica	leñosa	1	16	100
Acacia senegal	leñosa	3	46.3	100
Acacia seyal	leñosa	3	42.69	95
Acacia tortilis	leñosa	4	26.44	100
Adansonia digitata	leñosa	3	399.26	80
Adenum obesum	leñosa		25	
Balanites aegyptiaca	leñosa	1	3 000	100
Bauhinia rufescens	leñosa	10	78.63	100
Combretum glutinosum	leñosa	4	78.53	95
Combretum micranthum	leñosa	12	28.66	100
Dalbergia melanoxylun	leñosa	3	105.45	100
Faidherbia albida	leñosa	3	51.6	100
Grewia bicolor	leñosa			
Guiera senegalensis	leñosa	11	29.1	73
Lannea microcarpa	leñosa	7	200	
Parkia biglobosa	leñosa	4	1 000	100
Piliostigma reticulatum	leñosa	1	102.41	100
Prosopis africana	leñosa	2	106.23	100
Pterocarpus lucens	leñosa	1	163.58	90
Sclerocarya birrea	leñosa	5	431.55	
Sterculia setigera	leñosa	12	395.6	80
Tamarindus indica	leñosa	3	385	100
Ziziphus mauritiana	leñosa	11	382.75	87

Fuente: (Sacande, Sanogo y Beentje, 2016).

Anexo 2

Lista de verificación para las evaluaciones socioeconómicas

Al planificar una evaluación socioeconómica podría ser ventajoso utilizar una lista de verificación con las principales actividades que se realizarán antes de empezar la encuesta socioeconómica. En la fase de preparación, la verificación de esta lista puede asegurar a los encargados de la evaluación que todo está listo antes de empezar la encuesta. Una vez que se han marcado todas las secciones como "hecho", se puede dar inicio a la encuesta socioeconómica.

ÍTEM	INICIADO	HECHO
Se ha adaptado el cuestionario, en base al contexto de la zona del proyecto		
Cada elemento en el cuestionario contiene las instrucciones de codificación para los encuestadores		
Se dispone de datos sobre el número de familias que viven en la zona del proyecto		
Se ha calculado el tamaño de la muestra		
Se ha definido el método de muestreo		
Se ha decidido el número de encuestadores y los días de trabajo		
Se ha contratado a los encuestadores		
Se ha capacitado a los encuestadores		
Hay instrucciones claras sobre cuántos hogares se espera encuestar y cómo obtener su disponibilidad para cada encuestador		
Los cuestionarios ya están impresos, listos para la encuesta		
Se ha creado una hoja de trabajo en Excel, estructurada de acuerdo con los temas incluidos en el cuestionario para compilar las operaciones de entrada de datos		
El coordinador de la encuesta está familiarizado con la forma de calcular la puntuación de la inseguridad alimentaria a través de las preguntas de la FIES		
El coordinador de la encuesta está familiarizado con las herramientas estadísticas básicas utilizadas para analizar los datos de la encuesta		
Se ha estructurado un fichero Word para el informe y está listo para ser compilado con los resultados de la encuesta		

Anexo 3

Plantilla de cuestionario para la encuesta de hogar

Consentimiento informado:

¡Hola! Me llamo .... y estoy trabajando para ....

Estamos realizando un estudio sobre las situaciones socioeconómicas de su comunidad/poblado y apreciaríamos enormemente la oportunidad de hablar con usted acerca de su hogar y los miembros de su familia. Debería tomarnos unos 45 minutos, y las respuestas que proporcione nos ayudarían a entender la situación socioeconómica de su comunidad/poblado.

¿Está dispuesto a dedicar algo de tiempo para responder a estas preguntas hoy?

RESPUESTA: **SI** **NO**

HOGAR* UBICACIÓN*

* Definición de hogar utilizada en la encuesta:
(p.ej., "grupo de personas que viven bajo el mismo techo y que comparten la misma fuente de alimentación")

Fecha:	Nombre del encuestador:	
Comunidad:	Nombre del encuestado:	
Región/Estado/Departamento:	Municipio/Distrito:	
Código del cuestionario:	Ubicación geográfica (coordenadas GPS):	
	Longitud:	Latitud:

SECCIÓN I: CUESTIONARIO DE MEDIOS DE VIDA

CAPITAL HUMANO			
N°	**Preguntas**	**Respuestas**	**Códigos**
LI01	Sexo del jefe de familia (incluso si el encuestado es otro miembro del hogar)	☐ H ☐ F	1 2
LI02	Edad del jefe de familia (incluso si el encuestado es otro miembro del hogar)	☐ 18 años, o menos ☐ 19 a 35 años ☐ 36 a 50 años ☐ 51 a 65 años ☐ Más de 65 años de edad	1 2 3 4 5
LI03	Número de miembros del hogar, desglosado por sexo	Hombres ☐ Mujeres ☐ Total ☐	
LI04	Profesión	☐ Productor agrícola ☐ Curandero tradicional ☐ Viverista ☐ Horticultor ☐ Artesano/Escultor ☐ Pastor ☐ Herbolario ☐ Partera tradicional ☐ Tintor ☐ Vendedor de productos fitosanitarios ☐ Fabricante de cuerdas ☐ Apicultor ☐ Otra:	1 2 3 4 5 6 7 8 9 10 11 12 13
LI05	Experiencia profesional (años)	☐	
LI06	Miembros del hogar temporalmente fuera del poblado por trabajo estacional **(máx. 6 meses al año)**	☐ Ninguno ☐ 1-2 ☐ 3-4 ☐ Más de 4	1 2 3 4
LI07	Número de miembros del hogar que emigran por motivos de trabajo **(más de 6 meses al año)**	☐ Ninguno ☐ 1-2 ☐ 3-4 ☐ Más de 4	1 2 3 4
LI08	Nivel de educación obtenido por el jefe de familia	☐ No fue a la escuela ☐ Primario ☐ Secundario ☐ Vocacional (p.ej., capacitación técnica) ☐ Terciario (universidad, colegio)	1 2 3 4 5
LI09	Varones del hogar entre **7-18 años** que van normalmente a la escuela	☐ Todos ☐ Algunos ☐ Ninguno ☐ N/A	3 2 1 99

			Sí	No
LI10	Mujeres del hogar entre **7-18 años** que van normalmente a la escuela	☐ Todas		3
		☐ Algunas		2
		☐ Ninguna		1
		☐ N/A		99
LI11	Miembros del hogar **mayores de 18 años** que no saben leer ni escribir	☐ Todos		3
		☐ Algunos		2
		☐ Ninguno		1
			Sí	**No**
LI12	Prácticas de manejo y protección de los bosques en las que están participando los miembros del hogar	☐ Restricción de la tala de árboles	1	0
		☐ Restricción de la extracción de leña/forraje de árboles vivos	1	0
		☐ Restricción de corte de ramas (forraje, material para cercas)	1	0
		☐ Cercado – control del pastoreo	1	0
		☐ Uso de cocinas mejoradas	1	0
		☐ Medidas de control de la erosión / sedimentación (sacos de arena, muros de piedras, seto vivo, diques, siembra de árboles ribereños)	1	0
		☐ Seto vivo	1	0
		☐ Zaï	1	0
		☐ Medialunas	1	0
		☐ Siembra de árboles (plántulas o siembra directa)	1	0
		☐ Siembra directa de gramináceas	1	0
		☐ Estabilización de dunas, invasión de arenas	1	0
		☐ Medidas cortafuego y prevención de incendios	1	0
		☐ Otra	1	0
			Sí	**No**
LI13	Prácticas agrícolas implementadas por los miembros del hogar	☐ Uso de fertilizantes químicos	1	0
		☐ Uso de plaguicidas químicos	1	0
		☐ Fabricación de compostaje aeróbico	1	0
		☐ Fabricación de compostaje anaeróbico	1	0
		☐ Prácticas agroforestales (cultivo en hileras, seto vivo, etc.)	1	0
		☐ Cultivo intercalado (siembra de dos o más cultivos en proximidad)	1	0
		☐ Rotación de cultivos	1	0
		☐ Arado con tracción animal	1	0
		☐ Arado con tractor	1	0
LI14	El hogar practica la trashumancia o ganadería estacional	☐ Sí	1	
		☐ No	0	
			Sí	**No**
LI15	Tipo de capacitación técnica recibido por los miembros del hogar	☐ Agricultura	1	0
		☐ Pastoreo del ganado	1	0
		☐ Silvicultura	1	0
		☐ Desarrollo empresarial	1	0
		☐ Otra	1	0
LI16	El hogar utiliza medicina tradicional	☐ Sí		1
		☐ No		0

			Sí	**No**
LI17	Estrategias de adaptación a los efectos del cambio climático	☐ Siembra de árboles para sombra y barreras rompevientos	1	0
		☐ Cultivo escalonado (temprano y tardío)	1	0
		☐ Rotación de cultivos	1	0
		☐ Otra	1	0
			Sí	**No**
LI18	Exigencias de desarrollo de capacidad del hogar	☐ Apicultura	1	0
		☐ Siembra de árboles frutales	1	0
		☐ Técnicas de gestión forestal sostenible	1	0
		☐ Recolección de semillas, propagación y manejo de viveros	1	0
		☐ Desarrollo de plantaciones forestales privadas	1	0
		☐ Programas de sensibilización y educación sobre bosques para la adaptación y mitigación de los efectos del cambio climático	1	0
		☐ Cocinas mejoradas	1	0
		☐ Injerto de árboles frutales	1	0
		☐ Capacidad de desarrollo empresarial (llevado de registros, comercialización, estrategia)	1	0
		☐ Técnicas de elaboración y conservación del producto	1	0
		☐ Otra	1	0
			Sí	**No**
LI19	Productos de los árboles/ bosques que componen la dieta del hogar	☐ Frutas y nueces comestibles	1	0
		☐ Hojas	1	0
		☐ Miel	1	0
		☐ Tubérculos comestibles	1	0
		☐ Resinas y gomas	1	0
			Sí	**No**
LI20	Período del año en que el hogar padece escasez de alimentos	☐ Marzo-Junio	1	0
		☐ Julio-Octubre	1	0
		☐ Noviembre-Febrero	1	0
			Sí	**No**
LI21	Estrategia de afrontamiento ante la escasez de alimentos y/o de dinero	☐ Venta de ganado	1	0
		☐ Recolección y venta de leña	1	0
		☐ Comercio de trueque	1	0
		☐ Remesas	1	0
		☐ Reducción de alimentos	1	0
		☐ Préstamos	1	0
		☐ Pequeños negocios	1	0
		☐ Jardinería	1	0
		☐ Recolección de alimentos del bosque para el consumo en el hogar y/o la venta	1	0
		☐ Préstamo de alimentos de la familia o amigos	1	0
		☐ Extracción y venta de productos del bosque y/o	1	0
		pastizales (incienso, etc.)	1	0
		☐ Pesca	1	0
		☐ Otra	1	0

CAPITAL SOCIAL			Sí	No
			Sí	No
LI22	Grupos de interés socioeconómico (asociaciones de productores, grupos de apoyo a la mujer, grupos de jóvenes, etc.) en los que participan los miembros del hogar	☐ Jardinería	1	0
		☐ Tintorería	1	0
		☐ Fabricación de jabón	1	0
		☐ Siembra de árboles frutales comerciales (mango, plátano, naranja, anacardo, etc.)	1	0
		☐ Siembra de árboles forestales comerciales	1	0
		☐ Vivero comercial	1	0
		☐ Artesanía	1	0
		☐ Apicultura	1	0
		☐ Comercialización de frutas silvestres	1	0
		☐ Agricultura comunitaria (nueces comestibles, mijo temprano, ajonjolí)	1	0
		☐ Silvicultura comunitaria (viveros, plantaciones forestales) – además de comités forestales comunitarios	1	0
		☐ Otro	1	0
LI23	Las mujeres del hogar participan en grupos de interés socioeconómico	☐ Sí		1
		☐ No		0
		☐ N/A		99
LI24	Número de reuniones mensuales en las que participa el hogar (todos los procesos)	☐ Ninguna		1
		☐ 1-2		2
		☐ 3-4		3
		☐ 5 y más		4
			Sí	No
LI25	El hogar recibe apoyo de instituciones externas	☐ Organizaciones no gubernamentales	1	0
		☐ Servicios de extensión (silvicultura y agricultura)	1	0
		☐ Proyectos gubernamentales	1	0
		☐ Organizaciones comunitarias	1	0
		☐ Proyectos internacionales	1	0
		☐ Administración del gobierno local	1	0
		☐ Otra	1	0
LI26	Las mujeres del hogar participan en la toma de decisiones y otros procesos de la comunidad	☐ Sí		1
		☐ No		0
		☐ N/A		99
LI27	Los miembros del hogar ofrecen ayuda laboral a otros miembros de la comunidad en caso de necesidad	☐ Sí, gratis		2
		☐ Sí, bajo remuneración		1
		☐ No		0
LI28	El hogar recibe ayuda laboral de los miembros de la comunidad en caso de necesidad	☐ Sí, gratis		2
		☐ Sí, bajo remuneración		1
		☐ No		0

CAPITAL NATURAL				
LI29	Número de cursos de agua natural (manantiales, arroyos) a los que tiene acceso el hogar para sus necesidades	☐ Ninguno	0	
		☐ 1	1	
		☐ 2	2	
		☐ 3	3	
		☐ 4 y más	4	
LI30	Algunos cursos naturales de agua se han secado en los últimos cinco años	☐ Sí	1	
		☐ No	0	
		☐ N/A	99	
LI31	La temperatura promedio ha aumentado en los últimos 10 años	☐ Sí	1	
		☐ No	0	
		☐ No sabe	98	
LI32	El régimen de lluvias ha cambiado en los últimos 10 años	☐ Sí	1	
		☐ No	0	
		☐ No sabe	98	
LI33	La intensidad de las lluvias ha cambiado en los últimos 10 años	☐ Sí	1	
		☐ No	0	
		☐ No sabe	98	
LI34	Eventos climáticos extremos cuya frecuencia ha aumentado en los últimos 10 años	☐ Sequía	1	
		☐ Olas de calor	2	
		☐ Tormentas de polvo o arena	3	
		☐ Precipitaciones/lluvias torrenciales	4	
		☐ Vientos fuertes	5	
			Sí	**No**
LI35	Terreno agrícola al cual el hogar tiene acceso para la agricultura	☐ Huerta familiar	1	0
		☐ Tierras altas	1	0
		☐ Tierras bajas	1	0
			Sí	**No**
LI36	El hogar es propietario del terreno agrícola que utiliza para la agricultura	☐ Propietario	1	0
		☐ Prestado (gratis)	1	0
		☐ Rentado	1	0
			Sí	**No**
LI37	Principales tipos de propiedad de la tierra en la zona	☐ Estatal	1	0
		☐ Municipal	1	0
		☐ Comunitaria	1	0
		☐ Privada (individual)	1	0
		☐ Privada (corporativa)	1	0
		☐ Otro	1	0
LI38	La tierra usada por el hogar presenta problemas de erosión del suelo	☐ Sí	1	
		☐ No	0	

			Sí	No
LI39	Principales tipos de vegetación en la zona	☐ Bosque	1	0
		☐ Arbolado	1	0
		☐ Arbolado esparcido	1	0
		☐ Arbustos	1	0
		☐ Arbustos esparcidos	1	0
		☐ Pastizal	1	0
		☐ Tierra cultivable	1	0
		☐ Otro	1	0
			Sí	**No**
LI40	Principales usos de la tierra en la zona	☐ Agricultura de subsistencia	1	0
		☐ Agricultura intensiva	1	0
		☐ Pastoreo de ganado	1	0
		☐ Tierra forestal	1	0
		☐ Recolección de leña	1	0
		☐ Caza	1	0
		☐ Minería	1	0
		☐ Disposición de residuos	1	0
		☐ Reservorio de aguas (represa)	1	0
		☐ Usos recreativos	1	0
		☐ Protección natural	1	0
		☐ Uso espiritual	1	0
		☐ Otro	1	0
LI41	Los recursos forestales de la zona se han degradado	☐ Altamente degradados		1
		☐ Degradados		2
		☐ No degradados		3
LI42	Tendencias en la cubierta arbórea/forestal en la zona en los últimos 10 años	☐ Han disminuido		1
		☐ Se mantienen estables		2
		☐ Han aumentado		3
		☐ No sabe		98
LI43	Tendencias en los incendios forestales en la zona en los últimos cinco años	☐ Han disminuido		3
		☐ Se mantienen estables		2
		☐ Han aumentado		1
		☐ No sabe		98
LI44	El acceso del hogar a los productos forestales, y su utilización, son satisfactorios	☐ Sí		1
		☐ No		0
LI45	El hogar posee una plantación privada	☐ Ninguna		1
		☐ Plantación de árboles forestales		2
		☐ Plantación de árboles frutales		3
		☐ Mixta		4
LI46	Han ocurrido conflictos en la comunidad por el acceso a los recursos naturales (bosque, tierra, agua) en los últimos cinco años	☐ Sí		1
		☐ No		0
		☐ No sabe		98

Código	Pregunta	Opciones	Sí	No
			Sí	No
LI47	Se ha observado invasión entre ganadería, agricultura y silvicultura en la comunidad en los últimos cinco años	☐ Invasión de la agricultura en la silvicultura	1	0
		☐ Invasión de la ganadería en la agricultura	1	0
		☐ Invasión de la ganadería en la silvicultura	1	0
		☐ Invasión de la flora y fauna silvestres en la agricultura	1	0
		☐ Otra:	1	0
LI48	El pastoreo de animales es una causa actual de la degradación de la tierra y de los bosques	☐ Ambos, pastoreo libre y desrame de árboles		1
		☐ Desrame de árboles		2
		☐ Pastoreo libre		3
		☐ No		4
			Sí	No
LI49	Productos extraídos de los árboles además de alimentos	☐ Leña	1	0
		☐ Plantas medicinales	1	0
		☐ Madera	1	0
		☐ Material de construcción (techos, cercas, etc.)	1	0
		☐ Material artesanal	1	0
		☐ Cuerdas	1	0
		☐ Forraje	1	0
		☐ Colorantes	1	0
		☐ Jabón	1	0
		☐ Fibras	1	0
		☐ Fertilizante orgánico	1	0
		☐ Otro:	1	0
			Sí	No
LI50	Partes de las plantas utilizadas por los miembros del hogar para fines diferentes de la alimentación	☐ Hojas	1	0
		☐ Ramas	1	0
		☐ Corteza	1	0
		☐ Corteza interna	1	0
		☐ Troncos	1	0
		☐ Raíces	1	0
		☐ Resina	1	0
		☐ Árboles muertos	1	0
		☐ Cubierta vegetal	1	0
		☐ Otra:	1	0
LI51	Las mujeres del hogar participan activamente en el manejo y la protección de los bosques	☐ Sí		1
		☐ No		0
		☐ N/A		99
LI52	Qué tipo de combustible se utiliza para cocinar en el hogar	☐ Carbón vegetal		1
		☐ Leña recolectada en los alrededores		2
		☐ Leña comprada		3
		☐ Gas		4
		☐ Otro:		5

CAPITAL FÍSICO				
LI53	Número de viviendas que ha ocupado el hogar	☐ 1-2		1
		☐ 3-4		2
		☐ 5 y más		3
LI54	Tipo de vivienda del hogar	☐ Moderna (techo metálico, ladrillos de arcilla o concreto)		3
		☐ Ambos, moderna y tradicional		2
		☐ Tradicional (techo de paja, ladrillos de barro)		1
			Sí	**No**
LI55	Activos y herramientas importantes que posee el hogar	☐ Generador de electricidad	1	0
		☐ Televisor	1	0
		☐ Bicicleta	1	0
		☐ Motocicleta	1	0
		☐ Automóvil	1	0
		☐ Arado	1	0
		☐ Carreta	1	0
		☐ Herramientas tradicionales de agricultura	1	0
		☐ Tractor	1	0
		☐ Máquina procesadora de cultivos	1	0
		☐ Herramientas para transformar la madera	1	0
		☐ Otro:	1	0
LI56	El hogar posee animales (burros, ganado, caballos, etc.) para las actividades agrícolas	☐ Ninguno		1
		☐ 1-2		2
		☐ 3-4		3
		☐ 5 y más		4
			Sí	**No**
LI57	El hogar tiene acceso a puntos artificiales de agua para sus necesidades	☐ Grifo	1	0
		☐ Pozo	1	0
		☐ Pozo cubierto	1	0
		☐ Pozo abierto	1	0
LI58	En el poblado hay centros de atención médica primaria	☐ Sí		1
		☐ No		0
			Sí	**No**
LI59	En el poblado hay una escuela	☐ Escuela primaria	1	0
		☐ Escuela secundaria	1	0
		☐ Guardería	1	0
LI60	Las carreteras rurales están suficientemente desarrolladas y mantenidas en la zona	☐ Sí		1
		☐ No		0
LI61	Hay suficientes mercados en la zona para comprar y vender productos	☐ Sí		1
		☐ No		0

CAPITAL FINANCIERO			
LI62	Principal fuente de medios de vida del hogar	☐ Agricultura (cultivos básicos)	1
		☐ Ganadería	2
		☐ Pesquería	3
		☐ Comercio	4
		☐ Artesanía	5
		☐ Trabajo manual (albañilería, carpintería, mecánica, etc.)	6
		☐ Salario/sueldo	7
		☐ Remesasa	8
		☐ Medicina tradicional	9
		☐ Empresa forestal	10
		☐ Horticultura	11
		☐ Otra:	12
LI63	Segunda fuente de medios de vida del hogar	☐ Agricultura (cultivos básicos)	1
		☐ Ganadería	2
		☐ Pesquería	3
		☐ Comercio	4
		☐ Artesanía	5
		☐ Trabajo manual (albañilería, carpintería, mecánica, etc.)	6
		☐ Salario/sueldo	7
		☐ Remesas	8
		☐ Medicina tradicionala	9
		☐ Empresa forestal	10
		☐ Horticultura	11
		☐ Otra:	12
LI64	Tendencias en los ingresos del hogar en los últimos dos años	☐ Han aumentado	3
		☐ Se mantienen constantes	2
		☐ Han disminuido	1
LI65	El hogar practica agricultura fuera de temporada	☐ Sí	1
		☐ No	0
LI66	El hogar produce cultivos comerciales	☐ Sí	1
		☐ No	0
LI67	El hogar recibe remesas de miembros que han emigrado	☐ Sí	1
		☐ No	0
LI68	El hogar compra leña	☐ Sí	1
		☐ No	0
LI69	El hogar participa en una pequeña empresa forestal	☐ Empresa de productos forestales no madereros	0
		☐ Empresa maderera	1
		☐ Combustible de madera	2
		☐ Ninguno	3

LI70	Número de cabezas de ganado que posee el hogar	Vacuno ☐ Caprino ☐ Ovino ☐ Aves de corral ☐	
LI71	El hogar tiene problemas en la cadena de valor y los productos no se comercian lo suficiente	☐ Sí ☐ No ☐ N/A	1 0 99
LI72	El hogar tiene ahorros privados en bancos, fondos comunitarios u otras formas	☐ Sí ☐ No	1 0
LI73	El hogar se beneficia de fondos comunales de desarrollo establecidos en el poblado para fines comunes	☐ Sí ☐ No	1 0
LI74	El hogar tiene acceso a esquemas razonables de microcrédito y préstamos	☐ Préstamos de la comunidad/organizaciones de base comunitaria ☐ Préstamos gubernamentales ☐ Préstamos para desarrollo de proyectos ☐ Préstamos de bancos privados ☐ Ninguno ☐ No sabe	5 4 3 2 1 98

SECCIÓN II: ESCALA MUNDIAL DE EXPERIENCIA DE INSEGURIDAD ALIMENTARIA (referida al hogar)

FIES01	Durante los últimos 12 MESES, ¿hubo algún momento en que usted u otros miembros del hogar se preocuparon por no tener suficientes alimentos debido a falta de dinero o de otros recursos?	☐ No ☐ Sí ☐ No sabe ☐ Rehúsa contestar	0 1 98 99
FIES02	Durante los últimos 12 MESES, ¿ha habido un momento en que usted u otros miembros del hogar no hayan podido comer alimentos saludables y nutritivos por falta de dinero o de otros recursos?	☐ No ☐ Sí ☐ No sabe ☐ Rehúsa contestar	0 1 98 99
FIES03	Durante los últimos 12 MESES, ¿ha habido un momento en que usted u otros miembros del hogar hayan comido poca variedad de alimentos por falta de dinero o de otros recursos?	☐ No ☐ Sí ☐ No sabe ☐ Rehúsa contestar	0 1 98 99
FIES04	Durante los últimos 12 MESES, ¿ha habido momentos en que usted u otros miembros del hogar hayan tenido que saltar una comida porque no había suficiente dinero u otros recursos para obtener alimentos?	☐ No ☐ Sí ☐ No sabe ☐ Rehúsa contestar	0 1 98 99
FIES05	Durante los últimos 12 MESES, ¿ha habido un momento en que usted u otros miembros del hogar hayan consumido menos de lo que pensaba comer por falta de dinero o de otros recursos?	☐ No ☐ Sí ☐ No sabe ☐ Rehúsa contestar	0 1 98 99
FIES06	Durante los últimos 12 MESES, ¿ha habido un momento en que usted u otros miembros del hogar se haya quedado sin alimentos por falta de dinero o de otros recursos?	☐ No ☐ Sí ☐ No sabe ☐ Rehúsa contestar	0 1 98 99
FIES07	Durante los últimos 12 MESES, ¿ha habido un momento en que usted u otros miembros del hogar hayan sentido hambre pero no comieron porque no había suficiente dinero u otros recursos?	☐ No ☐ Sí ☐ No sabe ☐ Rehúsa contestar	0 1 98 99
FIES08	Durante los últimos 12 meses, ¿ha habido un momento en que usted u otros miembros del hogar hayan dejado de comer todo un día por falta de dinero o de otros recursos?	☐ No ☐ Sí ☐ No sabe ☐ Rehúsa contestar	0 1 98 99

SECCIÓN III: ESPECIES DE PLANTAS

1. IDENTIFICACIÓN DE LAS PRINCIPALES ESPECIES Y PARTES UTILIZADAS

Por favor, repita esta sección (comprendidas las siete preguntas numeradas SP01 a SP07) para cada una de las siguientes categorías pertinentes de uso de las plantas: alimento, pienso, medicamento (salud humana), sanidad animal, colorantes, apicultura y otros usos. Se deberían incluir solo las tres plantas más importantes que se utilizan por cada categoría.

SP01	¿Cuáles son las principales especies silvestres utilizadas para alimento / pienso/ medicamento (humano) / sanidad animal / colorantes / apicultura / otros usos?	Nombre de la especie 1	Nombre de la especie 2	Nombre de la especie 3	
SP02	¿Qué partes de las plantas se recolecta?	☐ Raíz ☐ Corteza ☐ Hojas ☐ Flores ☐ Frutas ☐ Semillas ☐ Savia ☐ Tubérculos ☐ Rizoma	☐ Raíz ☐ Corteza ☐ Hojas ☐ Flores ☐ Frutas ☐ Semillas ☐ Savia ☐ Tubérculos ☐ Rizoma	☐ Raíz ☐ Corteza ☐ Hojas ☐ Flores ☐ Frutas ☐ Semillas ☐ Savia ☐ Tubérculos ☐ Rizoma	1 2 3 4 5 6 7 8 9
SP03	Estado actual de conservación	☐ Abundante ☐ Amenazado ☐ Raro ☐ Desaparecido	☐ Abundante ☐ Amenazado ☐ Raro ☐ Desaparecido	☐ Abundante ☐ Amenazado ☐ Raro ☐ Desaparecido	1 2 3 4
SP04	¿En qué período hay abundancia de estas especies (y partes) útiles?	☐ Enero-Febrero ☐ Marzo-Abril ☐ Mayo-Junio ☐ Julio-Agosto ☐ Septiembre-Octubre ☐ Noviembre-Diciembre	☐ Enero-Febrero ☐ Marzo-Abril ☐ Mayo-Junio ☐ Julio-Agosto ☐ Septiembre-Octubre ☐ Noviembre-Diciembre	☐ Enero-Febrero ☐ Marzo-Abril ☐ Mayo-Junio ☐ Julio-Agosto ☐ Septiembre-Octubre ☐ Noviembre-Diciembre	1 2 3 4 5 6
SP05	¿De qué forma se extraen estas partes de las plantas?	☐ Corta de ramas ☐ Corta del tallo ☐ Uso de machete / segueta ☐ Desarraigo ☐ Corta de corteza ☐ Extracción de raíces ☐ Otro:	☐ Corta de ramas ☐ Corta del tallo ☐ Uso de machete / segueta ☐ Desarraigo ☐ Corta de corteza ☐ Extracción de raíces ☐ Otro:	☐ Corta de ramas ☐ Corta del tallo ☐ Uso de machete / segueta ☐ Desarraigo ☐ Corta de corteza ☐ Extracción de raíces ☐ Otro:	1 2 3 4 5 6 7

SP06	¿De qué forma se abastece de sus plantas/ partes de plantas útiles?	☐ Aprovechamiento / recursos propios ☐ Pedido (herbolario) ☐ Compra ☐ Otro:	☐ Aprovechamiento / recursos propios ☐ Pedido (herbolario) ☐ Compra ☐ Otro:	☐ Aprovechamiento / recursos propios ☐ Pedido (herbolario) ☐ Compra ☐ Otro:	1 2 3 4
SP07	¿Qué productos se realizan con las especies recolectadas?	☐ Materias primas ☐ Extractos en polvo ☐ Extractos líquidos ☐ Otro:	☐ Materias primas ☐ Extractos en polvo ☐ Extractos líquidos ☐ Otro:	☐ Materias primas ☐ Extractos en polvo ☐ Extractos líquidos ☐ Otro:	1 2 3 4
SP08	Las 10 especies arbóreas más importantes (abundantes o no hoy día) para sus medios de vida. Nota: Agréguense los nombre locales al lado de los científicos (en los diferentes idiomas)	☐ *Acacia senegal* ☐ *Acacia nilotica* ☐ *Acacia seyal* ☐ *Acacia tortilis* ☐ *Adansonia digitata* ☐ *Adenum obesum* ☐ *Balanites aegyptiaca* ☐ *Bauhinia rufescens* ☐ *Combretum glutinosum* ☐ *Combretum micranthum* ☐ *Dalbergia melanoxylon* ☐ *Faidherbia albida* ☐ *Grewia bicolor* ☐ *Guiera senegalensis* ☐ *Hyphaene thebaica* ☐ *Lannea microcarpa* ☐ *Mangifera indica* ☐ *Parkia biglobosa* ☐ *Piliostigma reticulatum* ☐ *Prosopis africana* ☐ *Pterocarpus lucens* ☐ *Sclerocarya birrea* ☐ *Sterculia setigera* ☐ *Tamarindus indica* ☐ *Zizyphus mauritiana* ☐ Otra:		**Clasificación (1-10)** ______ (×26)	

				Clasificación (1-10)
SP09	Las 10 especies no arbóreas más importantes (abundantes o no hoy día) para sus medios de vida. Nota: Agréguense los nombre locales al lado de los científicos (en los diferentes idiomas)	☐ *Alysicarpus ovalifolius* ☐ *Andropogon gayanus* ☐ *Andropogon pseudapricus* ☐ *Aristida mustabilis* ☐ *Brachiaria ramosa* ☐ *Cenchrus biflorus* ☐ *Chloris pilosa* ☐ *Chrozophoro senegalensis* ☐ *Crotalaria macrocalyx* ☐ *Cymbopogon giganteus* ☐ *Cymbopogon schoenamthus* ☐ *Dactyloctenium aegyptium* ☐ *Digitaria exilis* ☐ *Eragrostis tremula* ☐ *Leptadenia hastate* ☐ *Panicum laetum* ☐ *Pennisetum pedicellatum* ☐ *Schoenefeldia gracilis* ☐ *Senna occidentalis* ☐ *Senna tora* ☐ *Stylosantes amata* ☐ *Waltheria indica* ☐ *Ornia glochidiata* ☐ Otra:		______ ______
SP10	¿Dónde encuentra las plantas que utiliza normalmente?	☐ En todas partes ☐ Alrededor de las instalaciones ☐ En las llanuras/valles ☐ En galerías forestales ☐ En los matorrales ☐ En el vecindario ☐ En otros municipios/poblados ☐ En otros hábitats (especifíquese)		1 2 3 4 5 6 7 8
SP11	¿Cuáles son las especies más importantes que ya no se encuentran en los alrededores?	Nombre de la especie 1	Nombre de la especie 2	Nombre de la especie 3
SP12	¿De dónde obtiene esas especies actualmente?			

2. UTILIZACIONES DE LOS PRODUCTOS VEGETALES					
SP13	¿Qué finalidad tienen estos productos?	☐ Usados en el hogar ☐ Vendidos ☐ Para rituales ☐ Para exportaciones ☐ Otra:			1 2 3 4 5
SP14	¿Almacena o conserva esos productos?	☐ Sí ☐ No			1 0
SP15	¿Quiénes son los clientes/compradores de sus productos vegetales?	☐ Otros hogares del poblado/comunidad ☐ Compradores en el mercado local ☐ Intermediarios o mayoristas ☐ Compradores internacionales ☐ Otro:			1 2 3 4 5
SP16	¿Cuáles productos son los más buscados?	Producto 1	Producto 2	Producto 3	
SP17	¿Qué cantidad estimada de productos vegetales vende al año (en sacos o kg de ser posible)?				

3. REGLAMENTACIONES SOBRE EL APROVECHAMIENTO DE LAS PLANTAS					
SP18	En su entorno, ¿de cuáles especies está prohibido/protegido el aprovechamiento?	Nombre de la especie 1	Nombre de la especie 2	Nombre de la especie 3	
SP19	¿Quién las protege?	☐ Servicios Forestales ☐ Propietarios de las parcelas ☐ Otro:			1 2 3
SP20	¿Cuáles son las razones de la protección de estas especies?	☐ Código forestal/otras normas nacionales ☐ Área protegida ☐ Especie amenazada bajo protección internacional (p.ej., lista roja de la UICN) ☐ Especies de valor sagrado/espiritual ☐ Normas de nivel local ☐ Especies que ofrecen funciones clave al ecosistema (control de plagas, dispersión de semillas, control de la erosión, etc.) ☐ Especies que suministran productos clave ☐ Otra:			1 2 3 4 5 6 7 8
SP21	¿Tiene algún acuerdo para el aprovechamiento de las plantas?	☐ Sí ☐ No			1 0
SP22	En caso afirmativo, sírvase especificar	☐ Local ☐ Tradicional ☐ Otro:			1 2 3
SP23	¿Qué puede hacer para proteger y conservar estas especies útiles?	☐ Reducir la cantidad aprovechada ☐ Extraer solo en algunos períodos del año ☐ Detener la extracción hasta que la especie se regenere ☐ Protegerlas del ganado (cercos, etc.) ☐ Recolectar y almacenar semillas para su propagación ☐ Cambiar las prácticas de aprovechamiento/manejo ☐ Otro:			1 2 3 4 5 6 7

4. APOYO, COLABORACIONES Y LIMITACIONES			
SP24	¿Tiene o se beneficia de algún tipo de apoyo?	☐ Sí ☐ No	1 0
SP25	En caso afirmativo, ¿de qué tipo y de quién/cuál socio?	☐ Apoyo técnico, de: ☐ Apoyo financiero, de: ☐ Apoyo institucional, de:	1 2 3
SP26	¿Usted (o su asociación/grupo) recibe apoyo de una red o de algún tipo de colaboración?	☐ No ☐ Unión ☐ Federación/Cooperativa ☐ Red comunitaria ☐ Red regional ☐ Red nacional ☐ Red internacional	0 1 2 3 4 5 6
SP27	¿Cuáles son las principales limitaciones relacionadas con el aprovechamiento y el manejo de las plantas?	☐ No hay instituciones organizadas ☐ Falta de normas y reglamentos ☐ Extinción y degradación de los recursos botánicos ☐ Pobreza ☐ Falta de instituciones de supervisión para los usuarios de las plantas ☐ Aprovechamiento incontrolado de las plantas ☐ Otro:	1 2 3 4 5 6 7
Cualquier otra sugerencia / observación (aprovechamiento, suministro, protección, propagación, reglamentación, etc.)			
Tierra/Finca disponible para la restauración (ha)		☐ Tierra comunal/del poblado	Número de hectáreas:
		☐ Tierra familiar	Número de hectáreas:

Bibliografía

Berrahmouni, N., Laestadius, L., Martucci, A., Mollicone, D., Patriarca, C., & Sacande, M., 2016. *Building Africa's Great Green Wall.* Disponible en: http://www.fao.org/3/a-i6476e.pdf

Berrahmouni, N., Regato, P., Parfondry M. 2015. *Directrices mundiales para la restauración de bosques y paisajes degradados en las tierras secas: Fortalecer la resiliencia y mejorar los medios de vida.* Estudio FAO: Montes N.º 175. Roma, FAO. 149 pp. Disponible en: http://www.fao.org/3/a-i5036s.pdf

Bozzano, M., Jalonen, R., Thomas, E., Boshier, D., Gallo, L., Cavers, S., Bordács, S., Smith, P. y Loo, J., eds. 2014. *Consideraciones genéticas en la restauración de ecosistemas utilizando especies arbóreas autóctonas.* El estado de los recursos genéticos forestales en el mundo – Estudio temático. Roma, FAO y Bioversity International. 282p. Disponible en: http://www.fao.org/3/a-i3938e.pdf

Ceci, P., Cicatiello, C., Monforte, L., Blasi, E., Franco, S., Branca, G. & Scarascia-Mugnozza, G. 2018. *Household Livelihoods and the Uptake of Improved Forest Management Practices: A Case Study in Guinea.* International Forestry Review, 20(4): 436–451. (Disponible en: https://doi.org/10.1505/146554818825240670)

DFID. 1999. *Sustainable Livelihoods Guidance Sheets.* Departamento del Reino Unido para el Desarrollo Internacional (DFID): 26. Disponible en: https://doi.org/10.1002/smj

FAO. 2011. *Quantitative methods: Household Surveys. Assessing Impact of Development Programmes on Food Security*. Roma. Disponible en: https://elearning.fao.org/course/view.php?id=132

FAO. 2016. *Consentimiento libre, previo e informado: Un derecho de los pueblos indígenas y una buena práctica para las comunidades locales. Manual dirigido a los profesionales en el terreno.* Roma. Disponible en: http://www.fao.org/3/a-i6190s.pdf

FAO, FIDA, UNICEF, W. and W. 2018. *El estado de la seguridad alimentaria y la nutrición en el mundo.* Disponible en: http://www.fao.org/3/i9553eS/i9553es.pdf

Field, A. 2005. *Discovering statistics using SPSS.* Londres, R.U. Sage Publications.

Ilstedt, U., Bargués Tobella, A., Bazié, H.R., Bayala, J., Verbeeten, E., Nyberg, G., Sanou, J., Benegas, L., Murdiyarso, D., Laudon, H., Sheil, D. & Malmer, A. 2016. *Intermediate tree cover can maximize groundwater recharge in the seasonally dry tropics.* Scientific Reports, 6: 21930. Disponible en: https://doi.org/10.1038/ srep21930

IPBES. 2018. *The IPBES assessment report on land degradation and restoration.* Bonn, Alemania 744 pp. Disponible en: www.ipbes.net

NGARA. 2017. NGARA - *The network for natural gums and resins in Africa: overview and framework of priorities* 2017-2030.

Nkonya E., Mirzabaev A., von Braun J. (eds). 2016. *Economics of Land Degradation and Improvement – A Global Assessment for Sustainable Development.* ISBN 978-3-319-19168-3 (eBook) Springer London.

Royal Botanic Gardens, K. 2019. *Seed Information Database (SID). Version 7.1* [online]. [Cited 20 September 2006]. Disponible en: http://data.kew.org/sid/

Sacande, M. y Berrahmouni, N. 2016. *Community participation and ecological criteria for selecting species and restoring natural capital with native species in the Sahel.* Restoration Ecology, 24(4): 479–488. Disponible en: https://doi.org/10.1111/rec.12337

Sacande, M. y Parfondry, M. 2018. *Non-timber forest products - from restoration to income generation.* Rome, FAO. 44 pp. Disponible en: http://www.fao.org/3/CA2428EN/ca2428en.pdf

Sacande, M., Parfondry, M. y Martucci, A. 2018. *Biophysical and socio-economic baselines: the starting point for Action Against Desertification.* Roma, FAO. Disponible en: www.fao.org/3/ca0390en/CA0390EN.pdf

Sacande, M., Sanogo, S. y Beentje, H. 2016. *Guide d'identification des arbres du Mali.* Royal Botanic Gardens, Kew.

El presente documento ha sido elaborado con la contribución financiera de la Unión Europea. Esta no se hace responsable de las opiniones aquí recogidas, que no reflejan su posición oficial.